Wolfgang Voigt

•

Die Honigbiene – Schlüssellebewesen zum Erhalt biologischer Vielfalt

Wolfgang Voigt

Die Honigbiene – Schlüssellebewesen zum Erhalt biologischer Vielfalt

Über Einstein, Gentechnik und Mutationen

FRIELING

Bibliografische Information der Deutschen Nationalbibliothek
Die Deutsche Nationalbibliothek verzeichnet diese Publikation in der Deutschen Nationalbibliografie;
detaillierte bibliografische Daten sind im Internet über
http://dnb.d-nb.de abrufbar

Rheinstraße 46, 12161 Berlin
Telefon: 0 30 / 76 69 99-0
www.frieling.de

ISBN 978-3-8280-2587-5
1. Auflage 2008
Umschlaggestaltung: Michael Reichmuth
Bildnachweis: Archiv des Autors

Inhalt

Vorbemerkungen

Nun ist es an der Zeit, Antworten zu finden, wie und auf welchem Wege die durch menschliches Fehlverhalten schwer geschädigte Natur überhaupt erhalten werden soll. Der ehemalige amerikanische Vizepräsident (1993–2001) Al Gore warnte insbesondere auch nach seiner Amtszeit, dass der Menschheit nur noch etwa zehn Jahre bleiben würden, um den durch Menschen verursachten Schaden an der Natur zu korrigieren. Jetzt wurden seine Bemühungen, sein Werben für größeres Verständnis für notwendige Klimaschutzmaßnahmen, am 10. Dezember 2007 mit dem Nobelpreis gewürdigt. Seine Auszeichnung sollte als Signal verstanden werden, in den auch weiterhin erforderlichen Anstrengungen nicht nachzulassen.

Die Freude, mit der gerade diese Auszeichnung zur Kenntnis genommen wurde, kann kaum beschrieben werden. Wie auf den Flügeln des Pegasus, einem Ross der griechischen Sage, fühlte ich mich, als die Nachricht um die Welt ging. Stimmen doch die Auffassungen von Al Gore prinzipiell mit denen überein, die von mir zur ökologischen Rolle der Honigbienen seit Jahren formuliert wurden. Für mich selbst ist es willkommener Anlass, jene in den Publikationen über die ökologische Bedeutung der Honigbiene enthaltenen Auffassungen darüber zu verbreiten, dass die **Honigbiene** das Entscheidende, sozusagen das **Schlüssellebewesen** für den Erhalt von Flora und Fauna ist. Der Mensch dagegen, der sich bisher dominant, gottgleich, als das entscheidende Lebewesen dieser Erde sah, ist nicht das Wichtigste. Es sind all jene Pflanzen und Tiere, die den Erhalt der Natur auf dieser Erde sichern. Auch den Erhalt der Spezies Mensch. An der Spitze sind dies jedoch Pflanzen, von denen schließlich alle Tiere leben, nicht nur der Mensch. Dies allerdings immer in den Regionen, in denen sie natürlicherweise entstanden und sich erfolgreich gegen die anderen Lebensformen in ihrer langen geschichtlichen Entwicklung durchsetzen konnten. Es bleibt bei der Erkenntnis: Nahrung ist das entscheidende Regulativ für den Erhalt der jeweiligen Art.

Prof. Dr. Dr. Burkhard Schricker, Wolfgang Voigt, Dr. Benedikt Polaczek im Bienengarten der Freien Universität Berlin

In besonderem Maße hervorgehoben wird die Bedeutung der Verleihung des Nobelpreises an Al Gore mit der Entscheidung der Exzellenzinitiative – der gezielten Förderung von Spitzenuniversitäten der deutschen Hochschullandschaft – durch die Entscheidung des Bewilligungsausschusses, in dem Wissenschaftler und Politiker die

Bewerber begutachten, die Freie Universität (FU) in Berlin als Elitehochschule zu adeln. Ist es doch Professor Dr. Dr. Burkhard Schricker (FU), der seit Jahren meine individuellen Aktivitäten und Auffassungen zur Aufwertung der Rolle der Honigbiene beim Erhalt der natürlichen Umwelt wohlwollend und aktiv begleitet.

Das i-Pünktchen, die Verleihung des Alternativen Nobelpreises an Percy Schmeiser, Saatgutzüchter in Kanada, der sich gegen den Agrarkonzern Monsanto bezüglich genetisch veränderten Saatguts zu wehren hatte, bekräftigt den Wunsch und das richtige Herangehen vieler Menschen, zum Erhalt der natürlichen Umwelt auch einen persönlichen Beitrag zu leisten.

Eingriffe des Menschen in die äußerst sensiblen Wechselbeziehungen, wie die Globalisierung, über deren Weg ein Austausch von Pflanzen und Tieren weltweit in solche Gebiete auf dem Lande und zur See erfolgt, in denen sie als Neophyten oder Neozoen überhaupt nicht angepasst sind, gefährden die jeweiligen an den betreffenden Standort angepassten einheimischen Arten in ihrem Bestand, und dies vor allem, weil sie in den neu eroberten Lebensräumen keine Feinde (Prädatoren) haben. Die jeweils einheimischen Lebewesen, die den Erhalt der Natur sichern, sind demgemäß jene, die den Schutz durch den Menschen und vor ihm, wegen seiner Fehlleistungen, am dringendsten brauchen.

Nach den Pflanzen, die für das Überleben vieler Spezies unverzichtbar sind, stehen die Honigbienen, die Hügel bauenden Waldameisen und die Pflanzensauger an der Spitze, vor allem mit jenen Pflanzen, von denen sie selbst und die

Erhaltung ihres Lebens am meisten abhängen. Bienen, Ameisen und Blattläuse bilden aus diesem Grunde einen natürlichen Kreislauf gegenseitiger Abhängigkeit und Förderung. Sie sind deshalb zu Recht entscheidend für den Erhalt und die Wiederherstellung einer gesunden und intakten Umwelt. Aus dieser Sicht erweist sich die Bienenhaltung, die Imkerei in ihren unterschiedlichsten Formen, als die entscheidende Aufgabe beim Ringen um den Erhalt der „Schöpfung".

Jeder Versuch des Verzichtes auf die Leistungen der Honigbiene als Bestäuber von Blüten in der Natur, z. B. durch genetische Veränderungen an Pflanzen, stellt zugleich den Versuch dar, die Voraussetzungen für den genetisch programmierbaren Menschen zu schaffen, der seinen Energiebedarf auf ebendiese Weise decken soll. Dass sich Wissenschaftler an derartigen Erfolgen erfreuen können, ist durchaus verständlich. Den genetischen Code jedes „erwünschten" Lebewesens zu knacken und aktiv an der Strickleiter des Lebens zu basteln, welchen Wissenschaftler kann dies schon kalt lassen. Zugleich auf „unwertes" Leben auf dieser Erde zu verzichten stellt dann das ganze System in Frage. Wohin dies führen kann, ist hinreichend bekannt.

Auch aus diesem Grunde ist es höchste Zeit, dass all jene religiösen Eiferer – die ihre mittelalterlichen und häufig recht dogmatischen Auffassungen auch in staatlich finanzierten Schulen lehren wollen und dies zu einem erheblichen Teil auch bereits tun – begreifen, dass angesichts der gerade erwähnten und auch für Laien erkennbaren Tendenzen keine Zeit mehr für Glaubenskriege zur Verfügung steht. Religionen erweisen sich aus dieser Sicht als tiefstes

Mittelalter. Sie werden durch ihre eigenen Aktivitäten oder auch durch Unterlassen der Aufklärung ihrer Glaubensbrüder weiter indoktrinierend auf jeden einwirken, der sich von ihnen nicht deutlich distanziert. Der Prediger predigt nach einem streng reglementierten Prozedere und der Besucher des jeweiligen „Gottesdienstes" hat nichts zu sagen. Er hat sich den jeweiligen kultischen Handlungen anzuschließen. Eine eigene Meinung oder gar der Versuch, eigenes Gedankengut in den Gottesdienst mit einzubringen, sind ausgeschlossen. Dies ist auch für die Rekrutierung neuer Mitglieder zutreffend. Häufig bereits im Säuglingsalter wird auf Forderung der jeweiligen Glaubensrichtung durch Eltern die Religionszugehörigkeit ihrer Sprösslinge entschieden. Im späteren Erwachsenenalter wird dies häufig auch nicht hinterfragt, weil die Eltern bereits endgültig darüber entschieden haben.

Dem Glauben, der Beantwortung der Grundfrage der Philosophie über die Erkennbarkeit der Welt, steht heute Wissen auf vielfältigste Weise gegenüber, das über Jahrhunderte und Jahrtausende gewachsen ist und aufgehoben, erhoben und bewahrt wurde. In Hegel'schem Sinne. Das Wissen darüber, dass die Welt objektiv existiert. Erfreulicherweise weicht die Kirche zunehmend spürbar von ihren dogmatischen Auffassungen ab und beruft sich auf Aussagen, die ihren lieben Mitmenschen durch Schule, Studium und Beruf vermittelt werden, wo die Kirche nicht hineinpredigen kann. Dies wiederum führt zum Rückgang von Kirchenmitgliedern, die trotz staatlicher Subventionierung für den Erhalt von Arbeitsplätzen erforderlich sind. 1996 betrug z. B. das Vermögen der katholischen Kirche in Deutschland 100 Milliarden Mark. Es geht also um eine nicht vernachlässigbare Größenordnung.

Das Wissen um die Entstehung und Entwicklung der Erde und des Weltalls und ihre Dynamik ist nach dem gerade Gesagten allgemein anerkannt und wird nicht mehr religiös verfolgt, wie dies noch im Mittelalter der Fall war. Wissen hat sich zu einer Kraft entwickelt, die dem Glauben – der Vermutung der Existenz eines Weltenlenkers, eines Gottes, gleichgültig welchen Namen er in den verschiedenen Religionen trägt – wirksam entgegensteht und sich zunehmend durchsetzt. Daran kommt keine Religion mehr vorbei. Neu erfundene und gewöhnungsbedürftige Begrifflichkeiten, die dem Glauben entgegenstehen und die den Unterschied zwischen Gläubigen und jenen, die die Gotteshäuser meiden, sichtbar machen sollen, wie zum Beispiel „Unglaube" oder „Wissenschaftsglaube", machen indes nur sichtbar, dass es den Predigern äußerst schwer fällt, den Schritt von der Gottesvermutung, dem Glauben, hin zu dem doch fundierten Begriff, nämlich „Wissen", mitzugehen.

Ungeachtet unterschiedlichen Herangehens an die Lösung der Gegenwarts-, aber auch der Zukunftsaufgaben sollte man meinen, dass alle Religionen an einem Überleben ihrer Auffassungen ein begründetes Interesse haben. Es soll als Angebot verstanden werden, wenn die Gläubigen das in vielen Jahren erworbene Wissen der Menschheit, zum Beispiel über die Natur und ihren Nutzen für alle Lebewesen, gemeinsam mit jenen, die nicht mehr an einen Gott glauben, erhalten und bewahren.

Flora und Fauna haben ein Überlebensrecht, das ihnen nicht durch menschliche Fehlentscheidungen zum Verzicht auf biologische Vielfalt, aber auch nicht durch fehlende Aktivitäten, aus fehlendem Wissen über natürliche Gegebenheiten, vorenthalten werden darf. Die Menschen stehen in der Pflicht, ohne weiteren Zeitverlust zuzulassen, sich am Erhalt und an der Rettung der natürlichen Umwelt zu beteiligen. Das betrifft alle Menschen, gleichgültig wie sie zur Beantwortung der Grundfrage der Philosophie stehen. Gleichgültig ob sie sich zu den Wissenden oder zu den Glaubenden zählen. Die Menschheit hat nur eine Chance, die bereits für die nächsten Jahre erwartete und drohende ökologische Katastrophe zu verhindern. Möglicherweise ist es die letzte, um den Artenrückgang von Pflanzen- und Tierarten zu verlangsamen, für einen Teil der Spezies zu stoppen und vielleicht für einige wenige Arten in der Tendenz umzukehren. Beim Ringen um die Lösung dieser Aufgabe steht auch immer wieder der Mensch selbst, als Akteur, im Mittelpunkt der Aufmerksamkeit. Von ihm vor allem hängt es ab, wie erfolgreich es beim Erhalt der Natur weitergeht.

Der hier vorliegende Beitrag soll – nachdem verschiedene ökologisch determinierte Aspekte der Bienenhaltung in einer entsprechenden Naturschutztrilogie bereits dargestellt wurden – dazu beitragen, Lösungen zu finden, die unter den Bedingungen des Zeitdrucks, der durch den plötzlich eintretenden Artenrückgang von Pflanzen- und Tierarten entstand, noch ausgleichbar erscheint. Es geht um Alternativen zum gegenwärtigen „Weiter so". In diesem Buch wird auf jene neu erkannten Verknüpfungen eingegangen, die erst nach dem Druck der genannten Publikationen in den Mittelpunkt der Aufmerksamkeit gelangten. Es wird deshalb davon ausgegangen, dass der Leser Kenntnis von diesen Publikationen hat und die hier getroffenen Wertungen im Zusammenhang mit den bereits veröffentlichten Hinweisen und Vorschlägen betrachtet. Falls es sich als erforderlich erweist, müsste in den genannten Veröffentlichungen noch einmal nachgesehen werden. Als Buchtitel wurde bewusst ein Zitat aus der ersten Publikation verwandt. Es hat seine Aktualität in der Zwischenzeit nicht nur behalten, sondern findet zunehmende Bekräftigung in Randthemen, mit denen die Notwendigkeit unterstrichen wird, die natürlichen Gegebenheiten bezüglich der ökologischen Bedeutung der Honigbiene noch stärker bewusst zu machen. In der Gliederung wurden deshalb der Klimawandel, Diabetes, genetisch veränderte Organismen (GVO) und Blutgruppen beim Menschen ebenso aufgegriffen wie bereits an die Politik unterbreitete Vorschläge zum Erhalt biologischer Vielfalt. Deutlich und nachvollziehbar werden die ökonomischen (finanziellen) Konsequenzen benannt. Es geht sowohl um die soziale (personelle) Komponente der Bienenhaltung als auch ihre umfassende Sicherstellung – die Produktion der erforderlichen Ausrüstung – in Deutschland.

Obwohl es bezüglich des Erhaltes der biologischen Vielfalt bereits „fünf nach zwölf" ist, sollten die Chancen der durch eine einflussreiche Lobby zu verantwortenden Behinderung des Arten- und Umweltschutzes nicht vorzeitig aufgegeben werden. – Nach einer dpa-Meldung, MAZ 13.09.2007, sind aktuell 13.206 Tierarten vom Aussterben bedroht. 41.415 Arten stehen insgesamt auf der Roten Liste der bedrohten Tier- und Pflanzenarten. Verblüffend deutlich hat sich der Bundesrat (ND 08./09.12.2007) für die Imker eingesetzt. Er forderte den Bund auf, schnellstmöglich sicherzustellen, dass auch die Belange der Imkerei beim Anbau von gentechnisch veränderten Pflanzen angemessen berücksichtigt werden. Der Geltungsbereich der vorliegenden Verordnung schließt die Imkerei nicht ein. Obwohl die Bienenhaltung offensichtlich in vielerlei

Hinsicht vom Anbau gentechnisch veränderter Pflanzen betroffen ist, kamen im Regierungsentwurf der Verordnung über die gute fachliche Praxis bei der Erzeugung gentechnisch veränderter Pflanzen die Begriffe „Bienen", „Imker" oder „Honig" nicht einmal vor. Das Gleiche gelte für die Novelle des Gentechnikgesetzes.

Die Zeit drängt, sowohl ökologische als auch ethisch überzeugende Akzente zu setzen und damit dem nationalen, kontinentalen und globalen Rückgang von Pflanzen- und Tierarten wirksam zu begegnen. Die Menschheit hat möglicherweise durch sofortiges Handeln eine letzte Chance zu erkennen, dass sie selbst nur im Einklang mit der Natur Überlebenschancen hat. Aus dieser Sicht erweist sich die Unterstützung der Honigbienen als ein möglicher Weg beim Ringen um den Erhalt der bedrohten Natur. Ein Weg zur Überwindung politischer Fehlentscheidungen und eine Chance zur Korrektur.

Einzig dieser Aspekt für den Erhalt der Natur soll in diesem Beitrag aufgegriffen und verfolgt werden. Nach den ökologischen sind die ökonomischen Aspekte des Artenrückganges unter Berücksichtigung der ökologischen und in ihrer Wechselwirkung zu betrachten. In den Mittelpunkt der Sofortmaßnahmen, die im Jahr 2008 zu klären sind, gehört die verbindliche und öffentliche Bestätigung durch die Politik, dass auf die Honigbiene, wegen ihrer unermesslich hohen Bedeutung für den Erhalt von Flora und Fauna, unter keinen Umständen verzichtet werden kann.

Alle mit und von der Natur existierenden Betriebe, Einrichtungen, Verbände, kurz die gesamte Bevölkerung, sind durch Nutzung aller medialen, monetären, sozialen etc. Möglichkeiten auf den Schutz, die Erhaltung und massive Ausweitung der Bienenhaltung so auszurichten, dass grundsätzlich auf jedem Quadratkilometer der Landesfläche mindestens vier Bienenvölker betreut werden. Entscheidungen zur Finanzierung jeglicher Bienenhaltung sind ohne Verzug vorzubereiten und zu realisieren. Die Bemühungen um die zügige Ausweitung der Bienenhaltung sind insbesondere unter Nutzung der Erfahrungen in Bayern, Baden-Württemberg und anderen Bundesländern durch rasche, unbürokratische Entscheidungen sofort wirksam zu unterstützen.

In die Realisierung der anspruchsvollen Aufgaben sind neben den zuständigen Ministerien für Umwelt, Naturschutz- und Reaktorsicherheit, den Institutionen für Vogelkunde und Vogelschutz, alle mit Natur-, Umwelt- und Artenschutz befassten wissenschaftlichen Einrichtungen, die jeweiligen Interessenverbände, Deutscher Imkerbund (D.I.B.), Deutsche Ameisenschutzwarte (DASW), Deutscher Naturschutzring (DNR), Bund für Umwelt und Naturschutz Deutschland (BUND), Naturschutzbund Deutschland (NABU) und Deutsche Umwelthilfe (DUH) u. a., einschließlich der Landbesitzer der verschiedenen Eigentumsformen, einzubeziehen. Um den Erfolg zu sichern, wird den Landesregierungen empfohlen, in den Umweltausschüssen Möglichkeiten zu suchen und zu prüfen, wie dem Anliegen durch flankierende Beschlüsse, Gesetzesvorgaben u. a. Möglichkeiten der Einflussnahme, zum Beispiel über ein Umweltgesetzbuch, wirksam geholfen werden kann.

Vor dem Umweltausschuss des Landtages Potsdam wurde bei einer öffentlichen Anhörung im Zusammenhang mit der Novellierung des Brandenburgischen Naturschutzgesetzes am

30. Januar 2002, nach der Formulierung von Gründen für die Novellierung und dem Aufzählen von Problemen der Bienenweide, im freien Vortrag auf Folgendes hingewiesen:

Den Teilnehmern der Anhörung – insgesamt sind neun Verbände benannt – wurden bereits im Jahr 2000 Zuschriften zu einer naturwissenschaftlichen Entdeckung überreicht, die für das Bundesland Brandenburg Gewicht erlangt hat und weiter erlangen sollte.

Worum geht es? Im Ergebnis des Wirkens von Menschen ist in einem Zeitraum von etwa einem Vierteljahrtausend, von 1441 – dieses Jahr ist belegt – bis etwa 1750, die Waldbienenhaltung abgeschafft worden. Man hat die Wälder, die nicht gerade wie das Gelbe vom Ei aussahen, umgestaltet, was die verhängnisvolle Folge hatte, dass nunmehr ein Teil der Insekten zurückging und sich andere Insektenarten sprunghaft vermehren konnten.

Ein Beispiel sei angefügt: Eine Nonnengradation über einen Zeitraum von zwölf Jahren vom Ural bis zum Baltikum hat Schäden in einer Größenordnung von 100 Millionen Festmetern Holz verursacht. Das ist die Ursache dafür, dass die Forstleute heute jährlich Streuuntersuchungen durchführen, um frühzeitig gegen solche Schäden vorgehen zu können.

Bereits im Jahr 2000 wurde darauf hingewiesen, dass die Verdrängung der Waldbienenhaltung entscheidender Ausgangspunkt dafür ist, dass eine Vielzahl von Lebewesen, also von Pflanzen und Tieren, aus dem Lebensraum Wald verdrängt wurde und deren Bestand gefährdete, vor allen Dingen über den Verknüpfungspunkt der Hügel bauenden Waldameisen.

Die Hügel bauenden Waldameisen haben eine bedeutend vielfältigere Wirkung in der Natur als bislang angenommen. So leben in ihren Hügeln zum Beispiel auch etwa 800 andere Arten, darunter 80 Käferarten, die zu einem erheblichen Teil vom Aussterben bedroht sind. Raufußhühner und Spechte ernähren sich von Hügel bauenden Waldameisen. Wälder, in denen sich Waldameisen befinden, verfügen über einen um 20 % höheren Besatz an Singvögeln. Dazu kommen in Mitteleuropa etwa 140 Pflanzenarten – in Deutschland sind es 100 –, die durch Waldameisen verbreitet werden.

Da es hier um die Novellierung des brandenburgischen Naturschutzgesetzes geht, gestatte ich mir, aus einer Informationsschrift des Deutschen Imkerbundes zu zitieren. Vor 15 Jahren hat der Deutsche Imkerbund anlässlich solch einer Novellierung im Deutschen Bundestag den Vorschlag unterbreitet, in das Gesetz folgende Formulierung einzufügen: „Die Haltung von Bienenvölkern dient der Vegetationssicherung und dem Biotopschutz." Meinen Erkenntnissen folgend sollte bei der jetzigen Novellierung eine Formulierung über Waldameisen als „Polizisten des Waldes", die das Ungeziefer hinauswerfen – Sie kennen diese Bezeichnung sicherlich – eingefügt werden.

Was die Honigbienen betrifft, müssen wir offen sein für neue Erkenntnisse darüber, dass sie keine Schädlinge des Waldes sind und ihnen – zumindest in bestimmten Phasen ihrer Entwicklung – eine erhebliche Bedeutung für die Entwicklung der Bestände der Hügel bauenden Waldameisen zukommt, wenn sie in deren Laufbereich vorhanden sind. Da gibt es eine Verknüpfung. Aus diesen Gründen wird es notwendig sein, künftig wieder Honigbienen im

Wald zu halten. Da es jedoch in unseren Wäldern auch ein erhebliches kriminelles Potenzial gibt, müssen wir bei der Haltung von Honigbienen im Wald über Einschränkungen nachdenken und zum Beispiel mit den Bienenvölkern im Spätherbst abwandern, wenn ihr Vorhandensein im Wald nicht mehr unbedingt notwendig ist.

Ich baue darauf, dass die Entdeckung der eben beschriebenen Verknüpfung zunächst im Land Brandenburg und dann darüber hinaus zunehmende Verbreitung finden wird. Zwei namhafte Referenzen sind zu erwähnen: Zum Ersten hat der Forstamtsrat a. D. Heinz Ruppertshofen geschrieben, dass diese Erkenntnisse mit seiner Meinung und seiner Erfahrung übereinstimmen und ich alles tun möge, dass dies rasch veröffentlicht wird.

Zum Zweiten hat Prof. Otto zum Ausdruck gebracht, dass diese natürlichen Zusammenhänge, die vorher nicht so gesehen wurden, erstmalig verknüpft worden sind. Er betrachtet diesen Zusammenhang, dass die Waldameisen ihre Brut von Eiweißnahrung ernähren, die sie vor allem im zeitigen Frühjahr durch die Honigbienen erhalten – ab Mai ist diese Nahrungsquelle nicht mehr so dominant –, als ausgesprochen interessant. Des Weiteren erklärt er, dass zwischen Honigbienen, Waldameisen und Honigtau liefernden Blattläusen ein natürlicher Kreislauf besteht; bisher hat man in der Lehre immer von komplizierten Wechselverhältnissen gesprochen. Auch Prof. Otto bestätigt, dass zu den Maßnahmen zur Unterstützung der Hügel bauenden Waldameisen die Aufstellung von Bienenvölkern in Kolonienähe gehören sollte. So weit zu dem freien Vortrag vor Abgeordneten des Umweltausschusses des Landtages.

Hügel bauende Waldameisen beim „Wärmetanken" in der Besonnungsphase im Frühjahr und in ihren Hügeln im Sommer

Für die Umsetzung der zu ziehenden Schlussfolgerungen ergeben sich umfangreiche Möglichkeiten. Im Rahmen von Arbeitsbeschaffungsmaßnahmen o. Ä. sollten Fragen der Ausbildung und Qualifizierung von Imkern praktisch umgesetzt werden, mit dem Ziel, die in der Vorbereitung von Wahlen formulierten Zielstellungen der politischen Parteien für die Aufwertung des ländlichen Raumes und die Verbesserung der Einkommenssituation der Landbevölkerung, ohne Wenn und Aber, zu realisieren. Bei der Gestaltung von Landschafts- und Naturschutzgebieten sowie Biosphärenreservaten usw. ist der Einsatz von Honigbienen insbesondere in jenen Gebieten zu sichern, in denen seltene und vom Aussterben bedrohte, von Insekten bestäubte blühende Pflanzen vorhanden sind. Auch kleinste Restbestände vom Aussterben bedrohter Arten sind durch unverzüglichen Einsatz von Honigbienen zu erhalten.

Die Zielstellung muss deshalb verbindlich und unmissverständlich lauten: Keine Orchidee darf mehr verloren gehen, keine noch vorhandene Pflanzen- und Tierart aussterben. Die unterbreiteten Vorschläge über den Umfang der Bienenhaltung in den verschiedenen Eigentumsformen könnten deshalb so dargestellt werden, dass auf dem Besitz von 10 ha Land ein Bienenvolk zu betreuen ist. Größere Betriebe sollten sichern, dass je 100 ha minimal vier Bienenvölker vorhanden sind. Damit kann gesichert werden, dass auf jeweils 25 qkm ein Berufsimker mit 100 Bienenvölkern bzw. zehn Freizeitimker mit jeweils zehn Bienenvölkern einen wirksamen Beitrag zum Erhalt der Natur leisten können. An dieser Stelle soll in Erinnerung gerufen werden, dass die Natur über ein bedeutend größeres Potenzial verfügt, das allerdings erst wieder reaktiviert werden muss.

Der Ministerpräsident Brandenburgs, Matthias Platzeck, erhält vom Autor die Naturschutztrilogie, in deren Mittelpunkt die Honigbiene steht.

Als im Jahre 1999 der Honigbiene diese neue, bis dahin unbekannte Rolle als Nahrung anderer Lebewesen, als Biomasse, zugeschrieben und mit der Publikation dieser Erkenntnisse begonnen wurde, war keineswegs klar, welche Folgen dies einmal in der Praxis haben würde. Dies wird jetzt umso mehr erkennbar, weil zunehmend auf die erwähnten neuen Erkenntnisse zurückgegriffen wird. Waren in den ersten Jahren nach der Entdeckung vor allem Land- und Forstwirte, Umwelt- und Naturschützer, Kleingärtner und Biologen, aber auch Bienenwissenschaftler und Imker an den neuen Erkenntnissen interessiert, so zeigen der Empfang des Autors durch den Präsidenten des Landtages Potsdam, Gunter Fritsch, und des Ministerpräsidenten, Matthias Platzeck, im Jahr 2006 (Foto), persönliche Gespräche mit Barbara Riechstein,

Stellvertretende Fraktionsvorsitzende der CDU, Dietmar Woidtke, Agrarminister, Gesundheitsministerin Dagmar Ziegler (Foto S.67) oder mit Renate Künast, Grünen-Politikerin und ehemalige Bundesministerin, ein wachsendes Interesse der Politik an den ökologisch determinierten Erkenntnissen. Dies kam auch in der genannten öffentlichen Anhörung des Umweltausschusses im Potsdamer Landtag zu Fragen der Novellierung der entsprechenden Gesetzgebung zum Tragen.

Britische Imker aus Kent nahmen bei einem Besuch vor Jahren bereits erste Hinweise mit nach Hause. Ein Live-Auftritt beim Jugendsender Radio Fritz vom Rundfunk Berlin-Brandenburg, Einladungen zu Vorträgen nach Schleswig-Holstein, Bayern, Sachsen, Brandenburg, Berlin und Thüringen legen Zeugnis von wachsender Akzeptanz der Intentionen, aber auch Interesse an den vorgeschlagenen Lösungsansätzen ab. Weitere Belege dafür sind in mehreren Rezensionen und persönlichen Beiträgen in der imkerlichen Fachpresse, in Fachzeitschriften verschiedener mit Natur- und Umweltschutz befassten Verbände, aber auch in regionalen sowie internationalen Printmedien zu finden. So haben der Weltkongress der Imker, die APIMONDIA, über zwei der Bücher Pressebulletins veröffentlicht, eine tschechische und eine österreichische Imkerfachzeitschrift Informationen über die Arbeit verbreitet. Der Landesverband Brandenburgischer Imker und der Frieling-Verlag informierten über das Internet. Eine neue Qualität wurde dadurch erreicht, dass Ende 2006 erstmalig eine politische Partei, die Linkspartei.PDS, anlässlich der Woche der Zukunftsfähigkeit einen eigens dafür geplanten Vortrag organisierte und in ihr entsprechendes Projekt, im Zempower Aufruf vorgestellt, politische Forderungen artikulierte und hierzu eine Vergütung jeglicher Bienenhaltung als Lösungsansatz ins Gespräch brachte.

Damit zeigt sich zunehmend, was bereits von Anbeginn spürbar war, dass mit der intensiven Arbeit an der Gesamtthematik unaufhörlich neue Aspekte, eine andere, veränderte Gewichtung der Aussagen zu den verschiedensten mit dem Thema verbundenen Nebengebieten möglich wurden. Was nicht von vornherein erkennbar war, ist die Tatsache, dass Widerstand gegen die Umsetzung der Erkenntnisse zu verspüren ist. Dies ist umso unverständlicher, wenn bedacht wird, dass die in einem Buchtitel formulierten Gefährdungen: Walderkrankung – Artenrückgang – Klimawandel – Bienensterben, nicht nur von bereits sensibilisierten, mit der Materie vertrauten Menschen, sondern auch von völlig Desinteressierten verstanden und als nicht übertrieben bewertet werden. Deutlich formulierte Warnungen und unmissverständliche Vorschläge, die auf den Erhalt von Flora und Fauna orientieren und die den Zeitpunkt für noch mögliche arterhaltende Maßnahmen exakt benennen, zum Erhalt der letzten Spezies der jeweils verschwindenden Art, werden gerade von einer Art Lobby vehement zurückgewiesen, die nicht das geringste Verständnis für die Notwendigkeit des Erhaltes selten werdender Arten entwickelt.

Zu erinnern sei hier an die Debatte um den Erhalt der Großtrappe im Rhinumer Luch, wo eine Trasse der Eisenbahn im Lebensgebiet der Trappen mit einem Damm versehen wurde, der vorbeifahrende Züge optisch verdeckt, damit die dort lebenden Vögel aufgrund der Störung ihres Lebensraumes nicht abwandern und damit anderen Gefährdungen, unter anderem des weiteren Rückganges der Anzahl der Individuen ihrer Art, ausgesetzt werden sollten. Gerade dieses Beispiel einer kostspieligen Maßnahme für den Erhalt von Großtrappen macht sichtbar, dass Natur- und Umweltschutz, je länger sie verhindert oder vernachlässigt werden, einen umso größeren finanziellen und damit auch personellen Aufwand erfordern, als dies bei unverzüglichem Realisieren notwendig wäre.

Es ist unverkennbar, dass unter den Bedingungen von Massenarbeitslosigkeit der personelle Aspekt, die soziale Komponente, keine Rolle spielen sollte. Es geht demgemäß darum, dass die Politik sich für den Erhalt der Natur und der Artenvielfalt in der Natur positioniert, so wie es internationale Vereinbarungen vorsehen. Eine große Verantwortung bei der Lösung der unverzichtbaren Aufgaben kommt jenen Bereichen der Wirtschaft zu, die ihrer Tätigkeit unter freiem Himmel nachgehen: Landwirtschaft und Forst, Umwelt und Naturschutz. Es darf in freier Natur grundsätzlich keinen Raum, kein Gebiet mehr geben, in dem nicht zugleich Bienen gehalten werden. Was hier lediglich als Appell formuliert wird und keine praktische Relevanz entfaltet, kann unter den aktuellen Gegebenheiten nur noch durch politische Entscheidung verwirklicht werden. Die Politik, mit der nur ihr zugewiesenen Machtfülle, erweist sich aus dieser Sicht als letzte Möglichkeit, die längst nicht mehr zu leugnenden, teilweise bereits verheerenden Entwicklungen zu verlangsamen, diese zu stoppen, aber auch in der Tendenz umzukehren. Insbesondere an Landwirtschaft und Forst sind, ohne weitere Verzögerungen zuzulassen, jene Aufgaben zu stellen, mit denen der Artenrückgang überwunden werden kann. Landwirtschaftliche Nutzflächen und Wälder sollten eben nicht mehr mittels Einsatz von Giften (beschönigend als Pflanzenschutzmittel bezeichnet) biologisch tot sein.

Klärungsbedarf besteht auch bezüglich des Schutzes von Hummeln, die bei Abwesenheit von Honigbienen deren Aufgabe, die Bestäubung von Blüten, übernehmen sollen, was völlig illusorisch ist. Da auch Hummeln in ihrem Bestand zurückgehen, kommt es erst recht auf den Schutz, den Erhalt und die grundlegend zu erhöhende Anzahl von Bienenvölkern an.

Herausforderungen in der Folge des Klimawandels

Betrachtet man die Veröffentlichungen der verschiedensten Medien zum Thema Honigbiene, so kommt man nicht umhin festzustellen, dass sich dieses kleine Insekt zunehmender Aufmerksamkeit erfreut. Eine Kollektion von wahllos herausgefundenen Beiträgen macht die Brisanz sichtbar und lässt erkennen, dass breite Bevölkerungsteile für den Natur- und Umweltschutz unter Einbeziehung dieser Biene sensibilisiert sind.

ADIZ 2/2004: Wenn die Gentechnik kommt. Simulationsmodell berechnet die Auswirkungen.

ADIZ 2/2004: Bienensterben in Italien. Hitze bedingte hohe Verluste.

dbj 3/2004: Imkerei und neues Gentechnikgesetz. Noch können wir handeln ... aber die Uhr tickt.

dbj 7/2004: Ist die Bestäubung in Zukunft noch gesichert? Zukunftsszenarien für 2022. Bestäubungslücke wächst.

ADIZ 4/2006: Pollenallergien und der ökologische Nutzen von Honigbienen.

Promenadenpost 3. Quartal 2006, Schillerpromenade Neukölln (Berlin): Lecker Honig. Bienenfachmann kommt jede Woche in den Schillerkiez.

Brandenburger Seiten, 6. August 2006, Veranstaltungen der Linkspartei.PDS im Rahmen der Woche der Zukunftsfähigkeit, Dahme-Spreewald: „Die Honigbiene und ihre Bedeutung für Landschaft, Umwelt und Gesellschaft". Vortrag über die Folgen des Rückganges des Bienenbesatzes in Deutschland.

Heimatspiegel 5–6/2006: Auswinterungsbilanz im Imkerverein Königs Wusterhausen. Ursachen der Bienenverluste 2005/2006.

MAZ 26.06.2006: Tödliche Gefahr. Amerikanische Faulbrut bedroht Bienen.

MAZ 28.06.2006: Schmackhafte Medizin. Honig hilft bei Entzündungen.

ND 29.06.2006: Imker sein ist kein Honigschlecken. Nur eine Handvoll Leute lebt von der Biene / Länderinstitut verweist auf Rückgang bei der Zahl der Tiere.

ND 30.06.2006: Imker nach Gen-Protest vor Gericht.

ND 03.07.2006: Fleißige Bienen im Komponistenviertel. Mahlsdorfer Imkerverein „Wuhletal 1864" mit Nachwuchssorgen.

Blickpunkt 08.07.2006: Fit in den Sommer mit Honig. Honig gehört zur Power-Ernährung.

ND 26.07.2006: Fleißige Bienen in Mini-Plattenbauten. Honig aus „Honey Neustadt" im ehemaligen Mauerstreifen in Kreuzberg.

BZ 22.09.2006: In Berlin summt's. Imker und Bienen sind sogar in der Großstadt aktiv.

Der Tagesspiegel 26.10.2006: Arbeiterin mit Migrationshintergrund. Das Erbgut der Honigbiene ist entziffert. Jetzt steht fest, dass sie aus Afrika stammt.

MAZ 27.10.2006: Zu „Grüne Gentechnik bringt große Risiken mit sich". Kein Indiz für Schädigungen an Mensch und Umwelt.

ND 28./29.10.2006: Bauern-Protest gegen Gen-Weizen.

Heimatspiegel 11–12/2006: Gentechnik schadet Mensch und Umwelt.

Deutsches Bienen Journal 11/2006: Wirklich ohne Risiko? Zu dbj 8/2006, S. 42. Gentechnik nicht verteufeln.

Schrot und Korn April 2007: S. 35–44. Bienen in Gefahr. – Emsig und am Ende. – Genpollen im Honig. Wo findet die Biene noch Nahrung? Was die Völker schwächt. Bienentod made by Bayer? Bio, Blüten, Patenschaften – Rettet die Bienen! „Viele Imker kämpfen um ihre Existenz."

Diese Aufzählung von Beiträgen zu den verschiedenen Sachgebieten der Bienenhaltung spricht Bände. Sie braucht deshalb nicht einmal kommentiert zu werden. Und es ist nicht einmal nur das „Sommerloch", das den Imkern Aufmerksamkeit zuteil werden lässt. Sowohl die Anzahl der Bienenvölker als auch der Imker geht kontinuierlich zurück. Die Ursachen für diese deprimierende Situation scheinen offen zu liegen. Sorgenvoll wird durch einen immer kleiner werdenden Teil der Menschen um die Existenz der Honigbiene gerungen. Um ihr Existenzrecht. Denn unzweideutig wird in der Imkerpresse zum Ausdruck gebracht:

„Deutschland als Nichtagrarland könne sich jederzeit … einen Verzicht auf Bienen wirtschaftlich problemlos leisten …“ (ADIZ 6/2004, S. 16)

Soll dies als Aufruf verstanden werden, der Gentechnik keinen Widerstand entgegenzusetzen? Es sind schließlich überwiegend ältere Leute mit einem Durchschnittsalter von 60 und mehr Jahren, die noch Bienen halten. Sind die Alten schon so verkalkt, dass sie nicht mehr den Zug der Zeit begreifen können? Trotz dieser Aussage kann von Überalterung der Imker eigentlich nicht gesprochen werden, weil Imker mit den gesundheitsfördernden Produkten ihrer Imkerei in der Regel gesünder leben als ihre Altersgenossen, weniger oft zum Arzt gehen und sich oft selbst therapieren. Honig, Propolis, Gelee Royale, Bienengift durch Stiche, die sie hin und wieder einstecken müssen, Wachs, Pollen, Perga helfen auch ohne Therapieabsicht beim gesunden und manchmal auch längeren Leben.

Ist die Jugend für den Erhalt der Natur unter Einschluss von Honigbienen nicht mehr zu mobilisieren? Ist es besser, Arbeitslosengeld zu zahlen, als etwas für die Natur zu tun?

Sind Arbeitsbeschaffungsmaßnahmen grundsätzlich an Ortschaften, Betriebe und Einrichtungen zu binden, statt in der Natur zu wirken?

Ist es vorteilhafter, 80 % des in Deutschland verzehrten Honigs aus dem Ausland zu importieren, als ihn im heimischen Umfeld selbst zu erzeugen?

Muss der Verzehr einheimischen Honigs zurückgedrängt werden, damit, statt einer Desensibilisierung auf natürlichem Wege, Pillen der Pharmaindustrie gegen Pollenallergien gekauft werden?

Warum wird das in der Natur vorhandene Potenzial verleugnet und nur noch im Interesse von Konzernen gehandelt? Sind es wirklich die Arbeitsplätze, die in der Industrie erhalten werden müssen?

Handeln die Produktionsbetriebe im luftleeren Raum, ohne Bindung zur Natur? Erholen sich die Bosse von ihrer schweren Arbeit des Geldscheffelns nur noch im Fitnessstudio und in der Sauna, aber nicht mehr in der Natur? Fragen über Fragen.

Es gibt allerdings auch andere Fragen. Der ökologische Nutzen von Honigbienen ist bezifferbar. Nach aktuellen Berechnungen ist die Erweiterung des ökologischen Nutzens der Honigbiene, neben der Blütenbestäubung, auf ihre passive Seite, als Biomasse, als Nahrung Insekten fressender Lebewesen, bisher unberücksichtigt geblieben. An diesem Punkt gilt es anzusetzen. Die Politik hat alle Möglichkeiten, jene politischen Entscheidungen zu treffen, mit denen das Schlüssellebewesen für den Erhalt von Flora und Fauna, die Honigbiene, unverzüglich in den nur ihr gebührenden Rang erhoben wird.

Die Realität der Entwicklung bezüglich der Honigbiene ist, wie in den Pressebeiträgen erkennbar, seit vielen Jahren immer dramatischer verlaufen. Politische Akzente erweisen sich zunehmend als hohle Phrasen und Sprechblasen. Gerne wiederhole ich an dieser Stelle: Alleine im Nürnberger Reichswald, des Reiches Bienengarten, wurden im 15. Jahrhundert bis zu 77 Bienenvölker pro qkm betreut. Dies waren damals auf 320 bis 325 qkm 25.000 Bienenvölker. Das ist eine Größenordnung, mit der aktuell, mehr oder weniger, das gesamte Bundesland Brandenburg mithalten kann.

In Brandenburg gab es nach statistischen Erhebungen des zuständigen Agrarministeriums 2005 0,9 Bienenvölker pro qkm. Berücksichtigt man die über den darauf folgenden Winter aufgetretenen Auswinterungsverluste in Höhe von 50 %, so lebten in diesem Bundesland Anfang 2006 0,4 Bienenvölker pro qkm. Eine verheerende Situation im Vergleich mit dem Mittelalter. Die Interpretation dieser winzigen Zahl mit der Realität sollte allerdings die dafür verantwortlichen Politiker zu unverzüglichen Entscheidungen veranlassen. Pro Biene!

Der gesamte Waldbestand Brandenburgs ist bienenfrei, weil dort keine Bienenweide genutzt werden kann. Die gesamte Landwirtschaft ist bienenfrei, weil neben den Förstern auch die Landwirte nicht zur Bienenhaltung durch Gesetz gezwungen werden. Selbst große Obstplantagen, die zur Versorgung der Hauptstadt in ihrer Nähe existieren, halten keine Bienen. Große Wald- und Feldflächen werden derart intensiv mit sogenannten Pflanzenschutzmitteln vergiftet, dass weder eine Biene geschweige ein anderes Insekt dort am Leben bleiben kann. Naturschutzgebiete und Nationalparks sind bienenfrei. Dazu kommt der Fakt, dass die weltweit rund 5000 eingesetzten Pestizide nicht so selektiv wie erwünscht wirken. Es kommt zu Erkrankungen von Anwendern, zur Tötung anderer Tiere oder auch zur Belastung des Grund- und Oberflächenwassers. Das entscheidende Regulativ für den Erhalt der verschiedenen Arten ist das verfügbare Nahrungsangebot. Bei den Blütenpflanzen ist es die Dichte an bestäubenden Insekten.

Weidenkätzchen, Seidelbast und Schlüsselblumen sind erste Frühlingsboten.

Bienen werden in der Regel aus ganz privater Initiative und oft aus familiären Traditionen heraus an bzw. in Ortschaften weiter betreut. Aber auch in den Ortschaften haben Honigbienen kein verbrieftes Daseinsrecht. Nach gängiger Rechtsprechung muss die Bienenhaltung gemäß der Satzung der Orte als ortsüblich festgeschrieben sein. Wo das nicht der Fall ist, haben Leute mit einer Bienenphobie alle Möglichkeiten, die Bienenhaltung ihres Nachbarn zu erschweren oder gar zu unterbinden, indem sie behaupten, an einer Bienengiftallergie zu leiden. Selbstverständlich von einem Mediziner attestiert. Dabei kann bereits jetzt festgestellt werden, dass in etwa 40 % der Ortschaften nicht einmal mehr ein Bienenvolk lebt. (Dies ist nicht exakt statistisch gesichert und unterliegt ständigen Veränderungen.)

Dass es auch erfreuliche Lösungsansätze gibt, zeigt eine aktuelle Pressenotiz unter dem Titel „Korridor für Wildkatzen in Thüringen“ (Eisenach, AFP/ND, 02.11.2007). Mit Baumpflanzungen in Ettenhausen bei Eisenach haben die Arbeiten an einem Wildkatzen-Korridor zwischen dem Thüringer Wald und dem Nationalpark Hainich begonnen. Die Vorsitzende des Bundes für Umwelt und Naturschutz Deutschland (BUND), Angelika Zahrnt, setzte gemeinsam mit Thüringens Umweltminister Volker Sklenar (CDU) die ersten Eschen für das nach Angaben des Verbandes größte Artenschutzprojekt Mitteleuropas. Dessen Ziel ist ein 20.000 km langes bundesweites Wegenetz für Wildkatzen und andere Waldtiere, das auch Harz, Spessart, den Bayerischen Wald sowie Pfälzer Wald, Schwarzwald und Eifel einbeziehen soll. 20.000 Bäume und Büsche sollen allein für den 1,2 km langen und 50 m breiten Grünstreifen zwischen Thüringer Wald und Hainich gepflanzt werden. Die Bündelung von ökologischen Ausgleichsmaßnahmen für den Neubau der A 4 östlich von Eisenach ermöglichte die Pflanzungen in Thüringen.

Es gibt keinen Zweifel, die Unterstützung der Wildkatzen als Überlebenshilfe durch das Schaffen von Wanderungswegen dient sowohl dem Aufbrechen lokaler Vorkommen als auch der besseren Verbreitung dieser Spezies in europaweiten Dimensionen. Ähnlich ist die Entwicklung der heimisch gewordenen Bestände von Wölfen in der Niederlausitz, bei denen 2007 erstmals Welpen beobachtet werden konnten. Auch beim Schreiadler wurden erfreuliche Nachrichten verbreitet. Nun sollten die nächsten Schritte auch bezüglich Honigbienen und Waldameisen getan werden, um vor allem bei diesen rasch positive Ergebnisse erzielen zu können. Entsprechende Vorschläge werden in meinen Publikationen seit Jahren unterbreitet. Zu erinnern ist gerade im Zusammenhang mit dem Schaffen von Wanderungswegen für Wildkatzen daran, dass große landwirtschaftliche Nutzflächen durch Gestalten von Windschutzstreifen aufgelockert werden können, damit sie sowohl für Waldameisen als auch Honigbienen nutzbar werden. Greifvögel könnten derartige Streifen, die aus Bäumen und Büschen bestehen, als Lebensraum nutzen und für Wildkatzen würden derartige von Menschenhand geschaffene Schutzstreifen ihre Verbreitung auf dem Territorium als Lebensraum unterstützen. Wenn darüber hinaus die Schutzstreifen auch noch so nahe nebeneinander ausgestaltet werden, dass die landwirtschaftlich genutzten Flächen von den Waldameisenarten flächendeckend genutzt werden können, besteht durchaus die Möglichkeit, bestimmte Maßnahmen des Pflanzenschutzes einzuschränken. Bei einem Laufbereich der Waldameisen von 60 m von einem Schutzstreifen aus in Richtung des nächsten benachbarten Streifens würde ein landwirtschaftlich genutzter Streifen von 120 m Breite entstehen, auf dem der Schutz der jeweiligen Kulturen den Ameisen übertragen werden könnte. Zugleich bestünde die Möglichkeit, auf die Anwendung von Umweltgiften (sogenannte Pflanzenschutzmittel) zu verzichten.

Unter Berücksichtigung der Bedürfnisse der Honigbienen sollten die Wanderungskorridore für Wildkatzen bzw. Windschutzstreifen so bepflanzt werden, dass zugleich Boden-, Nest- und in Höhlen brütende Vögel, auch Greifvögel sowie andere Bodenlebewesen optimale Lebensbedingungen vorfinden. Eine besondere Aufmerksamkeit können dabei auch seltene und vom Aussterben bedrohte Pflanzenarten erlangen.

Diabetes und Zucker, Honig und Bonbons

Imker, die den Honig ihrer Bienen ernten, selbst verbrauchen und auch anderen Menschen zur Verfügung stellen, werden hin und wieder mit der Auffassung konfrontiert, dass Diabetiker keinen Honig essen dürften. Da sowohl meine Eltern als auch ein jüngerer Bruder an Diabetes erkrankt waren und ich selbst als Imker mit den daraus resultierenden gesundheitlichen Problemen vertraut war, fiel es mir nicht schwer, die erforderliche Literatur zu beschaffen und mir selbst ein Bild von der Situation zu machen, dass es zwei Typen von Diabetes gibt. In der Zeitschrift „Deutscher Gesundheitsbericht Diabetes 2007" wurden alle aktuellen Informationen zusammengetragen und ausführlich diskutiert. Bemerkenswert vor allem sind die Vielseitigkeit des Herangehens und die Darstellung der epidemischen Zunahme der Diabeteszahlen in Deutschland. Nach Information der Deutschen Diabetes-Gesellschaft wurde der Diabetes mellitus – ohne dass die Bezeichnung benutzt wurde – bereits viele Jahre v. Chr. mit seinen Symptomen beschrieben. Erst ab dem 17. Jahrhundert wird allmählich ein Zusammenhang des Diabetes mit Zucker in Urin und Blut gefunden.

Das Vermeiden von Zucker in der Nahrung, das für einige Zeit galt, gilt heute nicht mehr. In den „Ernährungsempfehlungen für Diabetiker 2000" heißt es: „Wenn erwünscht, lässt sich eine moderate Aufnahme von Zucker in die Kost beider Diabetestypen einfügen. Wie bei der Allgemeinbevölkerung sollte die Aufnahme von Zucker 10 % der Gesamtenergie nicht überschreiten." Klar ist auch, dass das Essen von Zucker keinen Diabetes auslöst. Die Ursachen sowohl des Typ-1- als auch des Typ-2-Diabetes sind andere und so komplex, dass dies besser den in großer Zahl vorhandenen Lehr- und Schulungsbüchern zum Thema Diabetes mellitus entnommen werden sollte. Bezüglich der sehr umfangreichen und bis in die Antike zurückreichenden Geschichte des Diabetes kann dies auch im Internet unter http://www.diabetes-world.net/de nachgelesen werden.

In ihrer Arbeit „Die Bedeutung des Honigs in der heutigen Ernährung“ von Renate Frank wurde auf die Fragen des Kohlenhydratstoffwechsels, wie es von der Deutschen Diabetes-Gesellschaft aktualisiert wurde, ausführlich eingegangen. Die Autorin vermerkt auch, dass Honig, im Unterschied zum Rübenzucker, bis zu 30 verschiedene Zuckerverbindungen mit den verschiedensten Wirkungen auf den Organismus enthalten kann, und erläutert diese ausführlich. Herausgeber dieser Publikation ist der Landesverband Schleswig-Holsteinischer und Hamburger Imker e. V., Hamburger Straße 109, 23795 Bad Segeberg.

Dieser Umstand gestattet es, die Nutzung des Honigs als Süßungsmittel zu empfehlen. Bevor die Entdeckung von Franz Carl Achard, die Gewinnung von Zucker aus der Rübe, wirksam werden konnte, wurde ausschließlich Honig als Süßungsmittel verwendet. Das heißt, der Honig war nicht ein beliebiges, gut schmeckendes Nahrungs- und Genussmittel, sondern der Süßstoff.

„Die Bienenzucht nahm eine Sonderstellung ein, insofern, als Honig, dieses kostbare Naturerzeugnis, zwar von der Pflanzenwelt geliefert wird, aber nur durch die Mitwirkung der Bienen für den Menschen nutzbar gemacht werden kann.“

Von seiner entscheidenden Sonderstellung als Süßstoff wurde der Honig verdrängt durch die Entdeckung Amerikas und die Einfuhr des Rohrzuckers; weiterhin 1747, als der Berliner Chemiker Markgraf entdeckte, dass in den Rüben ein dem Rohrzucker gleicher Stoff enthalten ist. Der Zucker ist, nach der im 19. Jahrhundert erfolgten Ausnutzung der Entdeckung Markgrafs, die zu einem blühenden Anbau der Zuckerrüben führte, an die Stelle des Honigs getreten. Dass „Honig ein vorzügliches Nähr- und Stärkungsmittel ist, der, ohne Magen und Darm zu belasten, unmittelbar ins Blut geht, dass seine eiweißhaltigen Stoffe, seine säuerliche, pflanzliche Herkunft, sein Kalk, Eisen, Mangan, Phosphor wichtige Aufbaustoffe des menschlichen Körpers sind", sollte den breiten Bevölkerungsschichten durch eine nachhaltige Werbung noch mehr nahegelegt werden. (Wolfgang Thäter: Das Zeidlerwesen)

Bezüglich der Verwendung von Honig gibt es prinzipiell neue Erkenntnisse, mit denen belegt wird, dass auch Diabetiker diesen nutzen können. Früher hat ein Diabetiker den Kohlenhydratanteil an seiner Ernährung stark eingeschränkt, egal um welchen Diabetestyp es sich handelte. Heute lehnen Diabetikergesellschaften und die Weltgesundheitsorganisation solche Beschränkungen ab. Sowohl bei gesunden als auch zuckerkranken Menschen sollten die Tageskalorien zu 50 bis 55 % aus Kohlenhydraten stammen. Für Diabetiker ist es jedoch wichtig, dass Lebensmittel ausgewählt werden, die eine langsame Zuckerfreisetzung aufweisen. So zum Beispiel Honig. Jeder Honig enthält sowohl Trauben- als auch Fruchtzucker, ist also invertiert. Honig steigert den Blutzuckerspiegel nur in mittlerem Maße, weil er neben einem hohen Fruchtzuckeranteil eine Vielzahl von Zuckerverbindungen mit unterschiedlicher Aufnahmegeschwindigkeit vom Darm ins Blut aufweist. Honig gibt also über einen längeren Zeitraum konstant kleine Mengen Zucker ins Blut ab. Zudem enthält er das Spurenelement Chrom, das die Wirkung des Blutzucker senkenden Hormons Insulin verbessert. Diabetiker dürfen Honig essen, wenn sie bestimmte Regeln beachten. Die Größe der Honigportion muss allerdings in die tägliche Gesamtkohlenhydratmenge eingerechnet werden. Empfehlenswert ist der Verzehr kleiner Mengen Honig. (R. Frank: Honig – wertvoll und gesund)

Wie wäre es, ein innovatives Produkt Honigbonbon auf den Markt zu bringen das für Diabetiker, Pollenallergiker und natürlich auch für alle „Naschkatzen" gleichermaßen geeignet ist?

Auf der Agrarmesse „Grüne Woche", die alljährlich Ende Januar in Berlin stattfindet, wurden wiederholt Honigbonbons verschiedenster Sorten angeboten. Dies könnte den neuen Erkenntnissen folgend präzisiert werden. Unter Berücksichtigung aktueller Forschungsergebnisse zu Problemen, die durch das Auftreten von Pollenallergien existieren und auch in ähnlicher Weise für Diabetiker gelten, wird vorgeschlagen, für den konkreten Bedarf Honigbonbons zu entwickeln, die sowohl für gesunde Menschen als Genussmittel als auch zur Vorbeugung oder Unterstützung bei der Bewältigung ihrer gesundheitlichen Probleme differenziert und damit zielgerichtet sowohl von Pollenallergikern als auch Diabetikern genutzt werden können.

Es ist allgemein bekannt, dass Diabetiker als Sofortmaßnahme gegen eine Unterzuckerung („Zuckerschock") unverzüglich einzunehmende kleine Zuckerportionen bei sich führen. Da Zucker nicht gleich Zucker ist und Honig weit über den gewöhnlichen Haushaltszucker hinausgehende Inhaltsstoffe besitzt – zu erinnern ist in diesem Zusammenhang an fünf verschiedene Enzyme (Fermente), fünf verschiedene Vitamine, acht Mineralien und weitere Spurenelemente, Gluconsäure und andere organische Säuren, zum Beispiel Apfel-, Zitronen- und Milchsäure, vierzehn Aminosäuren, das Hormon Acetylcholin, drei verschiedene Inhibine und weitere Bakterizide sowie Aromastoffe wie Carbonsäuren und Ester, z. B. Phenylessigsäureester –, bietet es sich geradezu an, Honigbonbons zu entwickeln, die darüber hinaus auch noch über die Eigenschaft verfügen, die verschiedenen im Honig enthaltenen Zuckerarten – Traubenzucker (Glucose), Fruchtzucker (Fructose), Mehrfachzucker, wie Disaccharide (z. B. Maltose) und Trisaccharide (z. B. Erlose) – langsam freisetzen und so über einen längeren Zeitraum dem Organismus zur Verfügung stehen. Über alle diese Eigenschaften und Inhaltsstoffe verfügt Haushaltszucker nicht. Im Übrigen können Diabetiker, gemäß den „Ernährungsempfehlungen für Diabetiker 2007“, wenn erwünscht, eine moderate Aufnahme von Zucker in die Kost beider Diabetestypen einfügen.

Bei Pollenallergikern hat es sich längst herumgesprochen, dass der Verzehr von im eigenen Lebensumfeld gewonnenem Honig, in dem jene Pollen enthalten sind, die die Allergie auslösen, über den Magen statt über die Atemwege zu einer relativ guten Desensibilisierung im Anfangsstadium besser geeignet sind als eine medikamentöse Behandlung. Darüber hinaus bietet es sich auch an, dass Pollenallergiker, die zugleich an Diabetes mellitus leiden, gezielt jene Bonbons mit der belastenden Pollenart auswählen, die zu den jeweiligen Beschwerden führt.

Der Vorschlag, für jede differenzierbare Erkrankung an einer bestimmten Allergie ein Lebens- bzw. Genussmittel „Honigbonbon“ zur Verfügung zu haben, orientiert sowohl auf die Nutzung einheimischer Erzeugnisse (im eigenen Lebensumfeld gewonnener Honig) als auch auf die gesundheitlichen Wirkungen der verschiedensten Honigsorten. Dass die Nutzung von Honigbonbons möglicherweise zum Rückgang des Verbrauches an Antihistaminika oder anderen entzündungshemmenden Medikamenten führt, sollte, schon wegen des Preises, wohlwollend aufgegriffen werden.

Es kann als bekannt eingeschätzt werden, dass z. B. Rapshonig von Magenempfindlichen gut vertragen wird, da er besonders mild und säurearm ist, oder Lindenhonig bei Erkältungen hilfreich sein kann, da der Pollen der Lindenblüten, wie beim entsprechenden Tee, entzündungshemmend wirkt. Bei der Einnahme von Honig aus der Frühtracht können Pollen von Hasel, Erle und Birke und bei Sommerhonig solche aus Roggen, Beifuß und Gräsern hilfreich sein. Gerade diese zuletzt genannten sechs Pflanzenarten sind verantwortlich für die überwiegende Anzahl von an Pollenallergien erkrankten Menschen. Der Verzehr von speziellen Honigbonbons als Lebens- und Genussmittel kann damit zugleich eine prophylaktische Wirkung entfalten und vor entsprechenden Erkrankungen schützen. Unmissverständlich muss jedoch betont werden, dass das vorgeschlagene Projekt nur mit einheimischem Honig realisiert werden soll, der nicht gefiltert wird, also dem kein Pollen entzogen wurde, und in dem jene Substanzen enthalten sind, die zu den genannten Problemen führen können.

Honig ist ein Produkt der Biene aus der Natur, das nicht mit dem Zusatz „Bio“ wirbt. Honig ist immer naturgemäß. In der Folge der Nutzung des hier unterbreiteten Vorschlages erscheint es allerdings richtig und zweckmäßig, bei Honigbonbons gerade in der Werbung auf „Bio“ zu setzen, da diese eine äußere Hülle mit einer anderen Zuckerart haben. Es besteht jedoch die Möglichkeit, um z. B. ganz bestimmte Pollenarten im Erzeugnis zu sichern, diesen speziellen Pollen in der Natur zu gewinnen und in geringen Mengen beizumischen, da er im Honig nur in niedriger Konzentration vorhanden ist. Dies wäre insbesondere bei den Frühblühern Hasel, Erle und Birke möglich und müsste in der Entwicklungsphase geprüft und mit einem entsprechenden Standard gesichert werden, um eine Überdosierung zu vermeiden.

Neben der hier aufgezeigten Werbungsmöglichkeit „Bio“ bietet sich eine weitere Kombination der Werbung an, um den Verbraucher auf die mildere Art der Prophylaxe zu orientieren. Deshalb könnte in der Aufmachung der Verpackung dominant erkennbar sein, dass es sich um ein Erzeugnis für gesunde Menschen und für Diabetiker und Pollenallergiker handelt. Damit kann das vorgeschlagene Erzeugnis in den Regalen des Lebensmittelhandels und auch in der Apotheke angeboten werden.

Der Vorschlag beinhaltet, eine Produktpalette zu schaffen, die alle aufgezeigten Möglichkeiten aufgreift, eine Musterproduktion vorsieht, die einschließlich ihrer Präsentation/Werbung zum schnellstmöglichen Zeitpunkt realisiert wird und bei dieser Gelegenheit die öffentliche Resonanz testet. Da Innovationen von ihrer raschen Umsetzung oder Einführung in die Produktion leben, könnte die Realisierung bereits bei der nächstfolgenden Agrarmesse erfolgen. Es wird beispielhaft folgende Produktpalette vorgeschlagen: Honigbonbons mit Hasel-, Erlen-, Birken-, Roggen-, Gräser- und Beifußpollen. Sortenhonigbonbons aus Weide, Obstblüte, Frühtracht, Raps, Robinie, Linde, Sonnenblume, Wald, Heide. Eine Mischung aus je einem Bonbon jeder vorgeschlagenen Sorte. Die Möglichkeit, weitere Sorten vorzusehen, sollte offen gelassen werden, und auch einzelne Sorten aus dem Angebot zu streichen. Ebenso bietet es sich an, die Produktion der unterschiedlichen Sorten gemäß dem „Bedarf" in unterschiedlicher Menge vorzusehen. Bereits die Aufzählung der möglichen Produktpalette enthält 16 verschiedene Möglichkeiten, die aufgegriffen werden könnten.

Weiterführende Vorschläge, wie beispielsweise die Sicherstellung des erforderlichen Sortenhonigs und der jeweiligen Mischhonige in den gewünschten Mengen oder die Gewinnung von Pollen, wie oben genannt, die Gewährleistung der Produktqualität einschließlich der Bereitstellung von Laborkapazitäten, könnten bereits innerhalb weniger Wochen konkretisiert werden. In diesem Zusammenhang ist auch die Frage der Notwendigkeit und Möglichkeit zum Schutz der Marke im Sinne einer Patentanmeldung zu klären.

Erstaunlicherweise kann ergänzend darauf verwiesen werden, dass nach einer Vielzahl von Versuchen ein Betrieb gefunden wurde, der bereit ist, das Projekt aufzugreifen. Eine neue Hürde entsteht allerdings dadurch, dass für die Verpackung, Werbung und Vermarktung weitere Partner erforderlich sind, die erst gefunden werden müssen. Möglicherweise endet das Projekt vor seinem Beginn.

Genetisch veränderte Pflanzen – Fortschritt oder Ende der Natur?

Ausgangspunkt für das Aufgreifen von Problemen der Nutzung genetisch veränderter Pflanzen in der Landwirtschaft und Agrarindustrie bildete für die Arbeit an den vorliegenden Publikationen ein Beitrag in der Allgemeinen Deutschen Imkerzeitung (ADIZ) 6/2004. In diesem Beitrag wurde, wie bereits oben genannt, die Behauptung aufgestellt: „Deutschland als Nicht-Agrarland könne sich … einen Verzicht auf Bienen wirtschaftlich problemlos leisten …“ Neben der allgemeinen Empörung, die diese Darstellung unter Imkern hervorrief, half die Zeit, die seit dieser Veröffentlichung vergangen ist, zu deutlicher erkennbaren Reaktionen.

Eine breite Öffentlichkeit lehnt die Nutzung von genetisch veränderten Organismen (GVO) sowohl in der Ernährung der Menschen als auch als Tierfutter ab. Unübersehbar wird erkennbar, dass die ökologische Bedeutung der Honigbiene zunehmend eine breitere öffentliche Wahrnehmung erfährt. Vor allem ihre aktive Rolle als Bestäuber von Blütenpflanzen, aber auch die passive Seite ihres Wirkens, ihr Nutzen als Nahrung von Insekten fressenden Lebewesen (Proteine), findet zunehmende Beachtung. Im Bewusstsein von Politikern hingegen scheinen jene Probleme, die sich aus der Nutzung von GVO ergeben, nur sehr zögerlich anzukommen. In einem Beitrag von Silke Beckedorf, in Deutsches Bienen Journal (dbj) 9/2006, wurde ein Interview unter dem Titel „Gentechnik: Die Diskussion geht weiter“ aufgenommen. Unter dem Zwischentitel „Bestäuber auf dem Rückzug“ erwähnt sie, dass in Großbritannien

Rückgänge von 70 % der Wildpflanzen beobachtet wurden. Ähnliches gilt für die Niederlande. Dagegen haben sich 30 Pflanzenarten, die sich durch Wind- oder Selbstbestäubung vermehren, kräftig ausgebreitet. Diese Entwicklung in den beiden Ländern legt den Schluss nahe, dass der Rückgang der Bienen mit dem Rückgang der Pflanzen verknüpft ist. „Der Zusammenhang ist zu eng, um zufällig sein zu können", sagt Dr. Ralf Ohlemüller von der Uni York.

Dr. Ingolf Steffan-Dewenter sucht im Rahmen des ALARM-Forschungsprojektes mit 54 Partnern aus 26 Ländern gemeinsam nach Umfang, Ursachen und Konsequenzen des Rückganges der biologischen Vielfalt. Neben Klimawandel, Schadstoffen und der Invasion gebietsfremder Arten stehen Bestäuberverluste im Fokus des Projektes. Im Interview sagt er u. a.: „Wenn die Bestäubung von den Wildbienen nicht mehr gewährleistet werden kann, kommt es natürlich noch stärker auf die Imker und ihre Honigbienen an …"

Aktuelle Informationen (März 2007) über gigantische Bienenverluste in den USA, wonach 60 % aller Bienen gestorben sind und in einzelnen betroffenen Bundesstaaten bis zu 90 % aller Bienen einfach verschwanden, scheinen neben breiten Bevölkerungsschichten nun auch Politiker erreicht zu haben. Es ist nicht mehr nur eine Gelegenheit, auf Lösungsvorschläge zurückzukommen, die seit Jahren publiziert und unüberhörbar artikuliert werden: Vergütung jeglicher Bienenhaltung in Höhe von mindestens 10 % ihres ökologischen Nutzens. Biologisch tote Wälder, eine durch Anwendung von Pestiziden vergiftete Landwirtschaft und das Verbot der Bienenhaltung in Schutzgebieten sollten unverzüglich, d. h. spätestens 2008, ein Ende finden. Seltene und vom Aussterben bedrohte Pflanzenarten, die auf die Bestäubung durch Insekten angewiesen sind, brauchen unverzüglich Blütenbestäuber, und Insekten fressende Lebewesen, die Bienen auf ihrem Speisezettel haben und in ihrem Bestand zurückgehen, brauchen die Bienen in ihrem Lebensumfeld als Biomasse (Proteine).

Wiederholt fanden Meinungsäußerungen zur grünen Gentechnik den Weg in die verschiedensten Medien, wie die Auflistung von Pressebeiträgen erkennen lässt. Eine persönlich verfasste Position, die sich mit den Auffassungen vieler Imker deckt und die in den Beiträgen auch erkennbar wird, macht auf unübersehbare Risiken aufmerksam. Dabei wird der Versuch unternommen, konträre Auffassungen dadurch zu relativieren, indem beiden Seiten, sowohl Pro als auch Kontra, Raum für die Darstellung ihrer jeweils eigenen Auffassungen geboten wird. Als Beispiel sei hier genannt, dass ein derartiger Leserbrief an eine Tageszeitung zu Problemen der Gentechnik, vom 19.10.2006, möglicherweise an den zuständigen Referenten im Agrarministerium übermittelt wurde, um ihm dann, am 27.10.2006, die Gelegenheit zu bieten, die offizielle, der Regierungspolitik entsprechende Position darzustellen. Sein Beitrag erfolgte unter der Schlagzeile „Kein Indiz für Schädigungen an Mensch und Umwelt“. Also nicht der Widerspruch zu den schriftlich übermittelten Auffassungen, sondern ein unverblümter Beitrag „pro Gentechnik“, auf den unverzüglich, mit Schreiben vom 31.10.2006, reagiert wurde. Dass beide Leserbriefe keine Berücksichtigung fanden, sollte die verantwortlichen Redakteure zum Nachdenken veranlassen.

Der verbale Angriff des Referenten im Ministerium richtete sich zunächst gegen die Vertreter der grünen Politik, die immer von unbeherrschbaren Risiken und angeblichen Gefahren reden, die von der grünen Gentechnik ausgehen und deren Wahrheitsgehalt nicht steigern würden. Es ist wohl seiner gut bezahlten Planstelle als Referent zuzuschreiben, dass er so kühn zur öffentlichen Meinungsbildung beiträgt. Zugleich erpresst er den Leser mit sehr oberflächlichen Fragestellungen, wo denn der angebliche Nachweis sei, dass der Einsatz von genveränderten Organismen (GVO) der Menschheit eher schaden als nützen würde. Er untermauert die Glaubwürdigkeit seiner Fragestellung mit der nachgeschobenen Agitation: Wenn dem so wäre, warum stiegen die Anbauflächen weltweit jährlich und betrugen 2005 bereits 90 Millionen Hektar? Und: Sind das alles verantwortungslose Landwirte, die den Anbau betreiben? Im Bereich der grünen Gentechnik reicht das geringstmögliche, nicht ausschließbare Risiko zur Verbotsforderung. Trotz millionenfachen Einsatzes in der Landwirtschaft gibt es nicht einmal ein geringstes Indiz für Schädigungen an Mensch und Umwelt, die nachweislich durch die gentechnische Veränderung hervorgerufen wurden. Er beklagt die grünen Glaubensbastionen und fordert wenigstens zum Nachdenken auf. Zugleich begibt er sich auf Abwege und warnt vor dem stark allergenen Traubenkraut, was keiner beachtet, ohne zu sagen, wie hoch der Anteil an den Allergikern ist, die das Kraut belasten kann. Eine eklatantere Schieflage in der Wahrnehmung von Risiken sei kaum denkbar. Sein Betonen, es handele sich um grüne Gentechnik, soll dem Verbraucher suggerieren, es handele sich um „natürliche“ Pflanzen, die im Ergebnis jahrelanger erfolgreicher Züchtungsarbeit entstanden sind, denen zu ihrem „Recht“ verholfen werden muss, und nicht um genetisch manipulierte. Und die Rede von geringstmöglichem, nicht ausschließbarem Risiko soll die unübersehbaren Risiken bagatellisieren und vertuschen. Für wie dumm werden eigentlich die Menschen gehalten?

Das „stark allergene Traubenkraut" – 10 qm neben einem Trampelpfad in der Ortslage – einziges Vorkommen in großem Umkreis.

Dem mündigen Bürger kann trotz dieser Belehrungen sehr sachlich und ohne Aufregung gesagt werden, dass es sehr wohl Belege für Gefährdungen gibt, die sich aus der Nutzung von GVO ergeben.

1. In der Schweiz wurde im Jahr 2006 der Anbau von gentechnisch verändertem Mais verboten, nachdem bei der Untersuchung von Mäusen, die bei jedem Versuchsanbau gezielt untersucht werden, Mutationen festgestellt wurden. Eine Untersuchung von Mäusen erfolgt generell aus dem Grund, weil derartige Versuche mit Menschen nicht zulässig sind und Mäuse sich zum

Vergleich eignen. Dies ist der Grund dafür, dass eine breite Öffentlichkeit jeglichen Anbau und die Schweiz und andere Länder den Versuchsanbau ablehnen. Hier hat der Herr Referent sich wohl als Lobbyist pro GVO betätigt. Es ist überhaupt nicht auszudenken, was geschieht, wenn Menschen aufgrund der Nutzung von GVO zu Mutationen neigen. Das gilt selbstverständlich auch für GVO-Langkornreis, der aus den Regalen des Lebensmittelhandels wieder entfernt werden musste. Es wäre deshalb zu begrüßen, wenn wissenschaftlich abgeschlossene Untersuchungen zur Meinungsbildung zur Verfügung stehen würden. So weit sind die Forschungen aber noch nicht. Aber es sind massive Profitinteressen im Spiel. Auf das Thema Mutation soll später noch einmal eingegangen werden.

2. Percy Schmeiser, Bauer und Saatgutzüchter aus Bruno in der westkanadischen Provinz Saskatchewan, wurde von Monsanto, dem weltweit größten Anbieter von Saatgut mit 90 % Marktanteil bei genverändertem Saatgut, verklagt. Schmeiser hat 40 Jahre lang Raps angebaut und gezüchtet, der an die regionalen Bedingungen angepasst war. Dieses Saatgut wurde mit genetisch manipuliertem Saatgut von Monsanto, das in der Nähe seiner Felder angebaut wurde, verunreinigt. Monsanto hat auf sein manipuliertes, künstliches Saatgut Patente und hat Schmeiser wegen illegalen Anbaus auf eine Million kanadische Dollar Schadenersatz verklagt. Dies wurde auch mit anderen so Betroffenen erfolgreich praktiziert. Auch im Ergebnis seiner Berufungsklage blieb es bei diesem Strafmaß. Erst nach der Mobilisierung einer breiten Öffentlichkeit und spürbaren internationalen Pro-

testen wurde er in dritter Instanz von der Forderung Monsantos freigesprochen, wurde aber zur Zahlung der entstandenen Gerichtskosten in Höhe von 400.000 kanadischen Dollar verurteilt. Er bekräftigte Ende Oktober 2006 in Berlin: „Sie brauchen keinen Versuchsanbau. Sie müssen nur nach Nordamerika schauen." Seine wichtigste Lektion: Es gibt keine Koexistenz, keinen Sicherheitsabstand. Die Ausbreitung von GVO lässt sich nicht kontrollieren. Die Argumente bei der Vorbereitung ihres Anbaus sind dieselben wie vor zehn Jahren: hohe Ernten, weniger Chemikalien, Bekämpfung des Hungers. Nichts davon ist wahr. Nach zwei Jahren sanken die Erträge um 15 % bei Soja und um 7 % bei Raps. Die Qualität ist nur noch halb so gut. Hinzu kommt, dass Getreidebauern jetzt dreimal so viele Pestizide brauchen, weil sich der pestizidresistente Raps ihrer Nachbarn als Superunkraut in den Getreidefeldern ausbreitet. Alle Dokumente über den Streit mit Monsanto findet man im Internet unter: www.percyschmeiser.com.

Es ist zu wünschen, dass derartige, Menschen, Pflanzen und Tiere bedrohende Erfahrungen bei Publikationen über GVO, ebenso wie die rücksichtslosen Praktiken von Monsanto (Agrarweltherrschaftsbestrebungen durch Sabotage und Erpressung von unwilligen Landwirten), berücksichtigt werden. Dabei sollte unverzüglich die Praxis der Vergabe von Patenten für lebende Organismen untersucht, vorsorglich eingestellt und verbindlich international verboten werden. Jeder kann sich ausmalen, dass ganze Staaten sich in die Abhängigkeit von mächtigen Konzernen begeben und dadurch erpressbar werden. Klonschaf Dolly lässt grüßen.

Die Rapsblüte stellt meist eine Massentracht für die Bienen dar. Bei der Heide im Hochsommer ist dies auch vom Wetter abhängig.

Die Darlegungen lassen auch erkennen, was der Grund für wachsende riesige Flächen Anbau mit Monsanto-GVO-Saatgut ist. Auf keinen Fall die versprochenen Segnungen. Es ist die Angst der Anwender vor finanziellem Ruin. Lieber sich freiwillig in die Abhängigkeit von Monsanto begeben, als das Risiko einzugehen, mit hohen finanziellen Risiken vor Gericht zu ziehen. Der Anbau von GVO birgt erhebliche ökologische Risiken, die man nicht – von Amts wegen – negieren darf. Mais von Monsanto mit der eingebauten Giftwirkung des *Bacillus thuringiensis* ist nicht nur gegen den Maiszünsler resistent. Frei werdende Toxine töten auch nützliche Insekten. Die Honigbiene ist bekanntlich auch ein Insekt.

Der Mensch soll bei der Aufnahme derartiger Produkte angeblich dagegen keine negativen Reaktionen zeigen? Bevor Produkte auf den Markt kommen, ist ihre Sicherheit für die Umwelt und für die Gesundheit von Menschen und Tieren im Einzelfall zu beurteilen. Auch als Jobmotor ist die Gentechnik ungeeignet, wie das Ergebnis einer vom BUND veröffentlichten Studie belegt. Es sei deshalb die Frage erlaubt: Sind nun die GVO-Gegner und Feinde des Versuchsanbaus, Feldbefreier und als was diese sich sonst noch bezeichnen, zu dumm, das geringstmögliche nicht ausschließbare Risiko zu begreifen? Umgekehrt wird wohl, wenn sich die Ablehnung von GVO durchsetzt, die Planstelle eines Gentechnikreferenten überflüssig. Die Polizei muss keine Felder beschützen und die Justiz braucht keine Feldbefreier zu verurteilen.

Eine Vielzahl praktikabler Vorschläge wurde in den zurückliegenden Jahren unter hohem privaten finanziellen Einsatz unterbreitet. Sie alle sind darauf gerichtet, Arbeitsplätze in

Größenordnungen zu schaffen und zugleich die Natur zu erhalten. Die Anwendung von GVO dagegen richtet sich, wie hier ausführlich bewiesen, gegen die Menschen, gegen die Natur, befördert den weiteren dramatischen Rückgang von Pflanzen- und Tierarten und ist gleichzusetzen mit dem längst praktizierten Versuch, auf die Honigbiene als entscheidendes Lebewesen für den Erhalt von biologischer Vielfalt zu verzichten. Die Auswirkungen von GVO auf die menschliche Gesundheit und die Umwelt sind unkontrollierbar, unkalkulierbar und unwiderruflich.

Dass diese Ausführungen nicht nur persönliche Auffassungen darstellen, wird erfreulicherweise und zugleich hochaktuell dadurch unterstrichen, dass das Farmerehepaar Louise und Percy Schmeiser den „Alternativen Nobelpreis" 2007 erhielten. Sie zeigten, wie ein unentbehrlicher Baustein unseres globalen Ökosystems, unsere landwirtschaftlichen Ressourcen, noch zu retten sind. Das Farmerehepaar habe „die Welt auf die Gefahren für die Landwirtschaft und die Artenvielfalt aufmerksam gemacht, die von der zunehmenden Marktdominanz und dem aggressiven Marketing von Firmen ausgehen, die Saatgut genetisch manipulieren". Zur Begründung der Preisvergabe will der Stifter des Preises, der deutsch-schwedische Publizist Jacob von Uexküll, die Öffentlichkeit auf Personen aufmerksam machen, die greifbare „Lösungen für die Probleme der Welt" aufgezeigt haben. Im Jahr 1998 wurden auf den Feldern der Schmeisers genetisch manipulierte Rapspflanzen entdeckt. Der Agrarkonzern Monsanto beschuldigte das Paar, die Patentrechte des Unternehmens verletzt zu haben, und verlangte Lizenzgebühren und Entschädigungen. Es stellte sich jedoch heraus, dass Samen von benachbarten Feldern herübergeweht waren. Seither prozessiert das Paar gegen

Monsanto. Die Preisverleihung erfolgte am 7. Dezember 2007 im schwedischen Reichtag. (ND 04.10.2007)

Gemäß einer AFP-Meldung vom 07.12.2007 ist der kommerzielle Anbau von gentechnisch verändertem Mais der Sorte Mon 810 in Deutschland ab Frühjahr 2008 möglich. Der Anbau sei vom Bundesagrarministerium zugelassen worden. Die Umweltschutzorganisation Greenpeace nannte die Zulassung „völlig verantwortungslos“.

Bezüglich Mutationen hatte ich gesagt, es sei überhaupt nicht auszudenken, was passiert, wenn Menschen aufgrund der Nutzung von genetisch veränderten Nahrungsmitteln zu Mutationen neigen. Zugleich hatte ich allerdings im Hinterkopf bereits die Frage der Fragen:

Wieso verfügen Menschen über mehrere Blutgruppen und alle anderen Lebewesen nicht?

Zur Existenz, Entstehung und Entdeckung von Blutgruppen beim Menschen

Bei der Suche nach einer Antwort auf die Frage, warum Menschen über verschiedene Blutgruppen verfügen, die sich in der Folge und im Ergebnis von Debatten über die Nutzung von genetisch veränderten Organismen ergab, führte ohne Umweg zur Erkenntnis, dass hier nur von höchster Stelle geantwortet werden konnte. Es gab faktisch keine verfügbare Literatur, in der der Zeitraum und die Ursachen für die Entstehung verschiedener Blutgruppen sowie die Tendenz ihrer Entwicklung nachlesbar sind. Zum Zeitpunkt ihrer Entdeckung vermutete man wohl, dass der Mensch schon immer über verschiedene Blutgruppen verfügte.

Ausgangspunkt für die persönliche Entscheidung, eine eigene Position zu erarbeiten, bildete ein Pressebeitrag des österreichischen Philosophen Helmut F. Kaplan, ND vom 6./7. Januar 2007, über die alltäglichen Massaker in den Schlachthöfen und den Zusammenhang von Ernährung und Moral. Vorausgegangen waren allerdings Veröffentlichungen von Jagdgegnern, die die Parole verbreiteten: Man frisst nicht seine Mitgeschöpfe u. a. Ich war faktisch mit Auffassungen konfrontiert, die eine andauernde Auseinandersetzung mit ungewöhnlichen Argumenten forderten. Beiden Auffassungen, sowohl denen von Kaplan als auch denen der Jagdgegner, konnte ich bis zu einem bestimmten Punkt folgen. Was mich hinderte, mich kompromisslos hinter eine dieser Auffassungen zu stellen, war das Wissen darüber, dass den Menschen mit der Universalblutgruppe

0 Rh neg. das Essen von Fleisch bereits vor hundert Jahren empfohlen wurde. Erneut war ich gezwungen, Antworten auf Fragen zu finden, die vor mir offenbar noch niemand aufgegriffen hat. Mein Entschluss war gefasst. Ich musste von der Blüten bestäubenden Honigbiene über den Umgang mit genetisch verändertem Mais (GVO), der, obwohl Windbestäuber, von den Bienen beflogen werden kann und dessen Pollen in Einzelexemplaren im Honig nachgewiesen wurde, einschließlich den daraus resultierenden Folgen, den einmal begonnenen Weg weiter beschreiten. Die Frage lautete nun: Hat sich der Mensch bereits so weit verändert und warum, dass er in dessen Folge als einziges Lebewesen der vielfältigen Fauna neue Blutgruppen ausbildete?

Zunächst soll dargestellt werden, dass tatsächlich die ranghöchsten Gremien mit den Fragestellungen vertraut gemacht und um Informationen zur historischen Entstehung von Blutgruppen des Menschen gebeten wurden:

07.01.2007: Bundesministerium für Bildung und Forschung, Gesundheit, Biowissenschaften, Nachhaltigkeit, Berlin – Bestätigung der richtigen Herangehensweise und telefonische Empfehlung, FUGATO-Projekt zur Bienenhaltung anzusprechen.

16.01.2007: FUGATO-Projekt zur Bienenhaltung, Bonn – wegen formulierten Forschungsbedarfs telefonische Empfehlung, Genomforscher zu konsultieren.

22.01.2007: Nationales Genomforschungsnetzwerk Projektmanagement NGSN, Bonn – telefonische Empfehlung an Deutsche Forschungsgemeinschaft und Humangenetiker.

28.01.2007, 08.02.2007: Deutsche Forschungsgemeinschaft – 21.02.2007: Schriftliche Antwort der Deutschen Forschungsgemeinschaft – Empfehlung: Literaturrecherche in einer großen Bibliothek, Ansprechen eines Vertreters der medizinischen Fächer der Immunologie oder Hämatologie oder auch eines Anthropologen. Feststellung: Ganz klar unterlag auch das Blutgruppensystem selektiven Veränderungen durch äußere Ereignisse, die die menschlichen Populationen belasteten, insbesondere auch durch Krankheiten oder vielleicht andere Umweltfaktoren. Es ist zu vermuten, dass solches Wissen bis in die Lehrbücher hinein verfügbar sein müsste. Die konkreten Selektionsfaktoren auszusondern, die eine bestimmte Genausstattung bewirken, ist in vielen Fällen allerdings schwierig und kompliziert.

07.03.2007: Senatsverwaltung für Wissenschaft, Forschung und Kultur, Berlin – 09.03.2007: Zuständigkeitshalber Weitergabe an den Senator für Bildung, Wissenschaft und Forschung – 30.03.2007: Weitergabe an den Vorstandsvorsitzenden der Charité – Universitätsmedizin zur Prüfung innerhalb der Forschungsbereiche der Charité.

07.03.2007: Deutsche Nationalbibliothek Leipzig – 23.03.2007: Rechercheergebnis zur Entwicklungsgeschichte der Blutgruppen im Zusammenhang mit der Ernährung:

Degeller, Lore:
Blutgruppenzusammenhänge
In: Der Merkurstab (Dornach)
Jg. 53/2000, H. 3, S. 195–197
Signatur der Deutschen Nationalbibliothek in Leipzig: ZA 73629

Dieser Beitrag erläutert die entwicklungsgeschichtlichen Forschungen des amerikanischen naturheilkundlich ausgerichteten Mediziners ***Peter d'Adamo,*** Greenwich C. T. Er ist der Verfasser des Buches *„Vier Blutgruppen – vier Strategien für ein gesundes Leben",* das 2005 in der 14. Auflage seit 1997 erschienen ist. Grundlage des oben genannten Beitrages ist folgender Aufsatz:

Seidel, Wiebke:
Fleisch für die Blutgruppe 0
In: Münchener Medizinische Wochenschrift (München)
Jg. 140/1998, H. 9, 18–19 u. 22
Signatur der Deutschen Nationalbibliothek in Leipzig: ZC 473

Empfehlung zu weiteren Recherchen durch:

Deutsche Zentralbibliothek für Medizin
Gleueler Straße 60
50931 Köln

07.03.2007: Laborzentrum Berlin

07.03.2007: Freie Universität Berlin, Wissenschaftliche Bibliothek

09.04.2007: Bitte um Literaturrecherche an die Deutsche Zentralbibliothek für Medizin, Köln

Außer den Bibliotheken wurden alle mit der Bitte um Information zur historischen Entstehung von Blutgruppen des Menschen darüber informiert, wer die jeweilige Empfehlung zur Recherche übermittelt hat. Die Auflistung zeigt auch, dass alle angeschriebenen Verantwortungsträger der Bitte entsprochen haben und, soweit dies in ihren Kräften stand, zur Klärung beitrugen. Dies wiederum zeigt eindrucksvoll, dass die erbetenen Informationen von allen Empfängern als so bedeutsam eingestuft wurden, dass sie aufgegriffen werden sollten. Deshalb an dieser Stelle bereits ein herzliches Dankeschön allen angesprochenen Partnern.

Abgesehen von wenigen Nuancen wurde im Wesentlichen mit dem folgenden Text um Informationen gebeten:

Seit Ende 1999 wird von mir persönlich die Thematik der Rolle der Honigbiene als Schlüssellebewesen für den Erhalt der natürlichen Umwelt bearbeitet. Bei der Lösung dieser Aufgabe konnte der ökologische Nutzen der Honigbiene über den Rahmen der Bestäubung von Blütenpflanzen hinaus (CHRISTIAN CONRAD SPRENGEL, 1750–1816) auch auf ihre passive Seite, als Biomasse für Insekten fressende Lebewesen, erweitert werden. (Die Richtigkeit dieses Sachverhaltes wurde durch Prof. Dr. Dr. Burkhard Schricker, FUB, in meinen Büchern bestätigt.) Die in diesem Zusammenhang gelungene Entdeckung wurde in der Zwischenzeit in Büchern, Vorträgen und Pressebeiträgen im In- und Ausland publiziert. Darüber hinaus ist es gelungen, die Walderkrankung, den Artenrückgang von Pflanzen- und Tierarten, den Klimawandel, das Bienensterben, Pollenallergien und damit den ökologischen Nutzen von Honigbienen den Notwendigkeiten und Möglichkeiten entsprechend miteinander zu verknüpfen.

Berührungspunkte mit medizinischen Aspekten, wie Pollenallergien oder Diabetes mellitus, erfordern in der aktuellen Phase der Themenbearbeitung eine fachlich genauere Aussage zur historischen Entstehung und Entwicklung von Blutgruppen beim Menschen. Die Existenz von Blutgruppen bei Menschen ist seit etwa 100 Jahren bekannt. Wie diese in der Geschichte der Menschheit entstanden sind und ob man möglicherweise davon ausgehen kann, dass Veränderungen in der Ernährung des Menschen (Primaten) – vom ursprünglichen dominanten Fleisch (Jäger und Sammler) zum höheren Anteil an Pflanzen in seiner Ernährung – Ursache der Entstehung von Blutgruppen sind, ist auch bei den oben genannten Institutionen unklar und offenbar noch nicht erforscht. Keine andere Tiergruppe verfügt über eine derartige Differenzierung. Gegenstand der Betrachtung dieses möglicherweise brisanten Themas ist die Existenz der Blutgruppe 0 Rh neg., über die (nur noch?) 6 % aller Menschen verfügen, die bei Transfusionen allen Menschen injiziert werden kann, gleichgültig über welche der Blutgruppen sie verfügen. Dies ist bei Unfallopfern mit hohem Blutverlust, die bewusstlos sind und deren Blutgruppe unbekannt ist, von allerhöchster Bedeutung und kann sich als lebensrettend erweisen.

Vielleicht kann bei entsprechenden Grabungsfunden der Archäologen, unter Nutzung der aktuellen technischen Möglichkeiten, eine Blutgruppenbestimmung erfolgen und über den Weg statistischer Aufbereitung die historisch schrittweise Entstehung der Blutgruppen A, B und AB nachgewiesen werden. Die österreichische Gletscherleiche „Ötzi“ wäre dafür zwar geeignet, aber eventuell historisch zu jung. Es ist allerdings nicht von vornherein auszuschließen, dass die von der Blutgruppe 0 abweichenden Blutgruppen erst in jüngster Zeit entstanden und vordem alle Menschen der heutigen Blutgruppe 0 zuzuordnen waren. Vor allem dies würde jene Erkenntnisse bekräftigen, wonach viele Erscheinungen im Menschen selbst und seinen Entscheidungen ihre Ursache haben. Sichtbar wird dies zum Beispiel in der Veränderung des Pflanzenbestandes in einem Zeitraum von wenigen Jahrzehnten, dem gegenwärtig zu beobachtenden Artenrückgang von Pflanzen- und Tierarten in rasch zunehmendem Tempo, der Zunahme von Erkrankungen bei Mensch und Tier in nie gekanntem Ausmaß, dem Auftreten von Mutationen (Zauberlehrling, Goethe), aber auch dem Klimawandel.

In seinem Nachwort zu „Pollenallergien und der ökologische Nutzen von Honigbienen" schrieb Professor Dr. Dr. Schricker unter anderem:

„Aus biologischer Sicht hat jeder Organismus unabdingbar zwei Lebensnotwendigkeiten zu bewältigen:

1. seine Selbsterhaltung als Individuum (Stoffwechsel und Wachstum) und
2. die Erhaltung seiner Art (Fortpflanzung und Vermehrung). Dazu muss er sich mit vielen abiotischen biotischen Faktoren in seinem Lebensraum (Umwelt) erfolgreich auseinandersetzen.

Die Honigbiene lebt eingebunden in einem sozialen Familienverband, wobei die oben erwähnten Lebensaufgaben in der Gemeinschaft bewältigt werden und entsprechend vervielfacht erfolgreich sind. Der Sozialverband lebt trotz der vieltausend Mitglieder wie ein Einzelorganismus."

Mit eigenen Worten interpretiert heißt dies: Entweder das betreffende Lebewesen passt sich den sich ständig verändernden Bedingungen an, oder es stirbt aus. Dieser Sachverhalt wurde in meinen Publikationen berücksichtigt. Es ist allerdings zu erwähnen, dass der Mensch selbst viele Veränderungen in seinem Lebensumfeld zu verantworten hat und die Folgen seines Handelns aus ökonomischen und anderen Erwägungen heraus häufig nicht im erforderlichen Umfang berücksichtigt.

Ein Pressebeitrag des österreichischen Philosophen Dr. Kaplan, Helmut F. (ND 06./07.01.2007) orientiert darauf, die Ernährung des Menschen aus ethischen, kulturellen und humanistischen Gründen von Fleisch auf vegane Lebensmittel umzustellen. Seine Sicht ist es, dass der Mensch, seit der Steinzeit vor 30.000 Jahren, organisch als Art unverändert sei.

Aus meiner Sicht dagegen scheint es durchaus möglich, dass in diesem Zeitraum, durch die veränderte Nahrungszusammensetzung, unterschiedliche Blutgruppen entstanden. Die Menschen begannen vor etwa 8000 Jahren ihre Nahrung selbst zu erzeugen Sollte sich diese Möglichkeit bestätigen, käme den Menschen mit der Blutgruppe 0 Rh neg., als Lebensretter, eine noch größere Bedeutung zu, als dies gegenwärtig der Fall ist. Zugleich wäre es denkbar, dass Menschen, die nicht über diese Blutgruppe verfügen, zu den später, nach der Universalblutgruppe 0, entstandenen Blutgruppen, A, B und AB hin mutierten und sich bei der Vererbung dieser neuen, historisch jüngeren Blutgruppen in einem Maße durchsetzten, die eine erweiterte Sicht auf die Vererbungslehre darstellen könnte. Mit weitreichenden Folgen, wenn man an die Darwin'sche Abstammungslehre des Menschen vom Affen und die empörten Diskussionen in der damaligen Öffentlichkeit denkt.

Die Verwirklichung der genannten Vorstellungen von Dr. Kaplan – auf Fleisch bei der Ernährung des Menschen zu verzichten – könnte hingegen langfristig geeignet sein, zum weiteren Rückgang der Blutgruppe 0 Rh neg. bei Menschen noch stärker beizutragen, was ebenfalls aus ethischen, kulturellen und humanistischen Gründen vermieden werden sollte.

Diese Position bezieht auch Prof. Dr. Detlev Ganten, Vorstandsvorsitzender der Charité Berlin, indem er sie eher als spekulative Pressebeiträge des österreichischen Philosophen Helmut Kaplan (Neues Deutschland) bewertet. Er verweist in diesem Zusammenhang auf einen Artikel im Wissenschaftsteil der Süddeutschen Zeitung, der laienverständlich Einflussfaktoren für die Entwicklung der AB0-Faktoren skizziert (Prävalenz der Blutgruppe 0 über 30 %). Zugleich verweist er auf die Publikation von Robert Seymour und Mitarbeitern, auf der der Artikel fußt: „Evolution of the human AB0 polymorphism by two complementary selective pressures". *(Received 8 July 2003, Accepted December 2003, Published online 15 April 2004)*

Eine weitere Arbeit des Wissenschaftlers Dr. Axel Seltsam, der bis vor wenigen Jahren zur Diversität und Diversifizierung der Blutgruppen an der Charité forschte, steht zur Verfügung. „The nature of diversity and diversification at the AB0 locus". *(Submitted March 27, 2003, accepted June 18, 2003, Prepublished online as Blood First Edition Paper, June 26, 2003)*

Die Redaktion Wissen der Süddeutschen Zeitung publizierte unter dem Titel „Blutgruppen-Vorteil" zusammenfassend am 20. April 2004: Nicht nur Bakterien sind dafür verantwortlich, dass sich bei Menschen verschiedene Blutgruppen entwickelten. Mathematiker berechneten, dass Viren einen entscheidenden Beitrag leisten. SZ 20.04.04 – Blut wird in vier Blutgruppen eingeteilt, weil die roten Blutkörperchen unterschiedliche Oberflächen haben. Vermutlich sind die vier Gruppen A, B, AB und 0 im Laufe der Evolution entstanden, als ständig neue Krankheitserreger den Menschen befielen. Bisher jedoch wurden nur Bakterienattacken für das AB0-System verantwortlich gemacht.

14. November 1901: Der Wiener Arzt Karl Landsteiner veröffentlicht in der „Wiener klinischen Wochenschau“ seine Entdeckung der drei Blutgruppen A, B und 0; im Folgejahr wird mit AB die vierte, seltenste Blutgruppe entdeckt. (ND 11./12.11.2006)

Jetzt zeigt Robert Seymour vom University College London, dass dies für die Erklärung der Häufigkeit von Blutgruppen nicht ausreicht. Er simulierte mit einem mathematischen Modell die ständigen Angriffe der Bakterien auf das Immunsystem. „Wir erhielten zwar verschiedene Blutgruppen, aber nie die Verteilung, die für die Menschheit typisch ist“, so Seymour in den Proceedings of the Royal Society B. Vor allem könne der hohe Anteil der Blutgruppe 0 von mindestens 30 % so nicht entstanden sein. Erst als Seymour auch Viren ins evolutionäre Spiel brachte, stellte sich das reale Gleichgewicht ein und blieb stabil.

Nach Ansicht des Mathematikers spielt eine besondere Strategie der Viren die entscheidende Rolle: „Viren tarnen sich, indem sie Zuckerstrukturen aus der Oberfläche von Zellen ihrer Wirte übernehmen, was Bakterien nicht können.“ Nur bei den Blutgruppen A, B und AB gibt es Zucker auf der

Oberfläche der Blutkörperchen. Deshalb hatten Menschen mit Blutgruppe 0 einen Vorteil, wenn sie von gefährlichen Viren befallen wurden, die zuvor in einem Wirt mit A, B oder AB gelebt hatten. Das Immunsystem des Infizierten konnte die ihm bekannten Zuckermoleküle angreifen.

Frau Dagmar Ziegler, 2. v. l., Ministerin für Arbeit, Soziales, Gesundheit und Frauen des Landes Brandenburg, überreicht die Urkunde für die 100. Rotkreuz-Blutspende. Der Autor: 2. v. r.

Neben diesen die aktuelle Situation erhellenden Beiträgen gibt es eine Vielzahl von Publikationen, die in den genannten wissenschaftlichen Beiträgen benannt wurden. Sie lassen erkennen, dass der Zeitpunkt, an dem historisch gesehen Blutgruppen beim Menschen entstanden, bisher noch nicht bekannt ist. Gesagt wird lediglich: im Laufe der Evolution. Wann dies war, also in welchem Zeitraum, und warum dies ausgerechnet beim Menschen und nicht bei seinen „Mitgeschöpfen", den vielen Tierarten, so ist, wäre es doch wert, herausgefunden zu werden. Die Notwendigkeit, auch in dieser Richtung Untersuchungen anzustellen, wurde bisher nicht gesehen. Möglicherweise wird sich zu einem späteren Zeitpunkt herausstellen, dass es doch notwendig ist, die aus der Entstehung von Blutgruppen resultierenden Fragen zu untersuchen, um zu belegbaren Ergebnissen zu kommen. Die bisher genaueste Antwort, wie bereits oben zitiert, stammt aus der Feder von Professor Schricker, indem er auf zwei Lebensnotwendigkeiten verweist, die jeder Organismus unabdingbar zu bewältigen hat:

1. seine Selbsterhaltung als Individuum (Stoffwechsel und Wachstum) und
2. die Erhaltung seiner Art (Fortpflanzung und Vermehrung). Dazu muss er sich mit vielen abiotischen biotischen Faktoren in seinem Lebensraum (Umwelt) erfolgreich auseinandersetzen.

Offenbar ist dem Menschen genau dies gelungen, indem er sich vom Jäger und Sammler der Steinzeit ständig weiterentwickelte. Unter dem Zwang sich ständig verändernder Bedingungen passte sich der Mensch den jeweiligen konkreten Herausforderungen erfolgreich an.

Bezüglich der Blutgruppen besteht damit die Möglichkeit, dass das ehemals existierende Blut aller Menschen etwa dem entspricht, was heute als Blutgruppe 0 Rh neg. definiert ist. Dieses Blut wird bei notwendigen Transfusionen von jedem menschlichen Organismus akzeptiert. Der menschliche Organismus „erinnert“ sich möglicherweise daran, über welches Blut er ursprünglich verfügte. Damit könnte die Frage nach der Entstehung der Blutgruppen A, B und AB, aber nicht der Blutgruppe 0, neu gestellt werden. Möglicherweise bietet es sich an, die Blutgruppengeschichte zu periodisieren. Aus dem ursprünglichen Blut, über das die Menschen verfügten, entstanden, durch das Wirken von Bakterien und Viren, im Verlaufe der Evolution (schrittweise in einem Zeitraum von … bis) die Blutgruppen A, B und AB, während der Anteil der Blutgruppe 0 statistisch zurückging.

Den Zeitpunkt für den Beginn dieser Entwicklung herauszufinden und mit der Forschung/Archäologie/Geschichtsschreibung zu den Ursachen zu finden, wäre nicht nur reizvoll, sondern würde neue Fragestellungen ermöglichen, aber auch zu Antworten auf wichtige Fragen führen, die bisher nicht beantwortet werden konnten. Es ist allerdings auch hier nicht auszuschließen, dass völlig unerwartete Erkenntnisse gewonnen werden.

Einstein und die Honigbiene?

Eine Vielzahl von Pressebeiträgen befasst sich mit angeblichen Äußerungen Einsteins bezüglich der Bienen. Ein Zitat soll hier stellvertretend für viele genannt werden. Im dbj 8/2005 ist unter dem Titel „Einsteins Worte beherzigt“ vermerkt: … Sogar Albert Einstein, … verknüpfte das Schicksal der Bienen mit dem der Menschen, als er sagte: „Wenn die Biene von der Erde verschwindet, dann hat der Mensch noch vier Jahre zu leben: keine Bienen mehr, keine Bestäubung mehr, keine Pflanzen mehr, keine Menschen mehr …“ (Entnommen der Homepage www.bee-online.ch) Es wird also die Originalquelle mit keinem Wort erwähnt.

Derartige Darstellungen gibt es in großer Anzahl, ohne dass die „Urquelle“ genannt wird. So hielt Astrid Lulling, MDEP, einen Vortrag, der im dbj 3/1998 abgedruckt wurde, unter dem Titel: „Stirbt die Biene, stirbt der Mensch (Einstein)“. Dieser Beitrag hat auch mich dazu verleitet, in einer Publikation Einstein so zu zitieren. Mit verhängnisvollen Folgen. Ein „Einstein-Fan“ rief mich sofort an und hinterfragte die Quelle. Diese konnte ich nach wochenlangem Suchen endlich nennen. Das Ergebnis ist unbefriedigend. Da mein Buch bereits erschienen war, blieb mir nur der Weg einer öffentlichen Entschuldigung dafür, dass ich nicht die Originalquelle genannt hatte. Das dbj 10/2005 veröffentlichte dann auch diesen Beitrag, der hier gekürzt genannt werden soll.

Bei der Suche nach der Originalquelle habe ich mich monatelang aufgehalten, ohne auch nur den geringsten Ansatz zu finden, dass sich Einstein überhaupt jemals in einer derartigen Richtung geäußert hätte. Aus den aktuellen Arbeiten und Veröffentlichungen über Einstein habe ich zum Beispiel das Buch *Einstein sagt – Zitate, Einfälle, Gedanken* (ISBN 3-492-22805-4) zu Rate gezogen. In diesem Buch wurde sogar der Kunstgriff gewagt, ein Kapitel „Einstein zugeschrieben" aufzunehmen. Auch dort: Fehlanzeige. Das führte zu der Idee zu suchen, wer ein Interesse daran haben könnte, beharrlich Einstein in der genannten Form zu zitieren. Die Antwort ist noch nicht druckreif. (Vielleicht sind das Vertreter jener Leute, die auf dem Wege der Einführung von GVO beweisen wollen, dass man auch ohne Bienen Ernteergebnisse erzielen kann, ohne die Gattung Mensch aussterben zu lassen.) Bei der weiteren Suche nach der Originalquelle wurden die Spezialisten der Deutschen Bibliothek (jetzt Deutsche Nationalbibliothek) in Leipzig, gegen Bezahlung, um Hilfe gebeten. Das Zitat konnte trotzdem nicht gefunden werden. Obwohl es legitim ist, andere Quellen als die Originale zu zitieren, ist mir das bisher vorliegende Ergebnis meiner Recherchen Anlass, bei den Lesern meiner Bücher um Verzeihung zu bitten und Besserung zu geloben. Die Berühmtheit Einsteins zu nutzen, um zu mehr Sorgfalt der Menschen beim Umgang mit der natürlichen Umwelt und besonders der Honigbienen zu gelangen, ist zwar lobenswert, es sollte allerdings besser fundiert zitiert werden.

Man könnte nach dem hier Gesagten davon ausgehen, dass sich Einstein nachweislich überhaupt nicht zu biologischen Problemen, insbesondere zur Honigbiene und ihrem Wirken, geäußert habe. Das ist sicher richtig, aber auch nicht korrekt zutreffend.

Albert Einstein schrieb zur Gründung der Zeitschrift „*Monthly Review*" 1949 den folgenden redaktionell überarbeiteten Text. (Er wird, um dem Leser seine Aktualität sichtbar zu machen und zu zeigen, wie umfassend er das Thema abarbeitet, hier abgedruckt.)

Warum Sozialismus?

Von Albert Einstein (Quelle: Sozialismus oder Barbarei)

Das folgende Essay „Why Socialism" gehört sicherlich zu den unbekanntesten Arbeiten Albert Einsteins. Die Tatsache, dass sich Einstein einen Großteil seines Lebens als Sozialist verstand und gegen Faschismus und Krieg engagierte, wird von den bürgerlichen Medien gerne verschwiegen. „Why Socialism" wurde erstmals 1949 in der ersten Ausgabe der Zeitschrift „Monthly Review" veröffentlicht. Der Text wurde redaktionell überarbeitet.

Ist es nun ratsam für jemanden, der kein Experte auf dem Gebiet ökonomischer und sozialer Fragen ist, sich zum Wesen des Sozialismus zu äußern? Ich denke aus einer Reihe von Gründen, dass dies der Fall ist.

Lasst uns die Frage vorerst vom Standpunkt der wissenschaftlichen Erkenntnisse aus betrachten. Es mag so erscheinen, als ob es keine wesentlichen methodologischen Unterschiede zwischen Astronomie und Ökonomie gäbe: Wissenschaftler beider Gebiete versuchen allgemein akzeptable Gesetze für eine begrenzte Anzahl von Phänomenen zu entdecken, um deren Zusammenhänge so verständlich wie nur möglich zu machen. Aber in Wirklichkeit existieren solche methodologischen Unterschiede. Die Entdeckung von allgemeingültigen Gesetzen im Bereich der Ökonomie wird dadurch erschwert, dass die zu betrachtenden ökonomischen Phänomene von vielen Faktoren beeinflusst sind, die einzeln schwer zu beurteilen sind. Außerdem waren die Erfahrungen, die sich seit Beginn der sogenannten

„zivilisierten Periode“ der menschlichen Geschichte angesammelt haben – wie wir wissen –, stark von Faktoren beeinflusst und beschränkt, die keinesfalls ausschließlich ökonomischer Natur sind. Zum Beispiel verdanken die größeren Staatengebilde ihre Existenz den Eroberungen. Die eroberten Völker machten sich selbst – gesetzlich und wirtschaftlich gesehen – zur privilegierten Klasse des eroberten Landes. Sie sicherten sich das Monopol an Landbesitz und ernannten Priester aus ihren eigenen Reihen. Diese Priester – die die Macht über das Erziehungswesen hatten – institutionalisierten die Teilung der Gesellschaft in Klassen und schufen ein Wertesystem, das die Menschen von da an – in einem hohen Grad unbewusst – in ihrem sozialen Verhalten leitete.

Aber auch wenn diese historische Tradition eigentlich der Vergangenheit angehört, haben wir das, was Thorstein Veblen die „räuberische Phase“ der menschlichen Entwicklung nannte, nirgends wirklich überwunden. Die wahrnehmbaren ökonomischen Fakten gehören zu ebendieser Phase und selbst diejenigen Gesetze, die wir aus ihnen ableiten können, sind nicht auf andere Phasen anwendbar. Da es das reale Ziel des Sozialismus ist, genau über diese räuberische Phase menschlicher Entwicklung zu siegen und diese zu überwinden, kann die heutige wissenschaftliche Ökonomie wenig Licht auf die zukünftige sozialistische Gesellschaft werfen.

Zum Zweiten ist der Sozialismus auf ein sozial-ethisches Ziel ausgerichtet. Wissenschaft kann jedoch keine Ziele schaffen, geschweige denn sie den Menschen einflößen: Wissenschaft kann bestenfalls die Mittel liefern, mit denen bestimmte Ziele erreicht werden können.

Aber die Ziele selbst werden von Persönlichkeiten mit hochgesteckten ethischen Idealen erdacht, und wenn diese Ziele nicht totgeboren, sondern vital und kraftvoll sind, werden sie von den vielen Menschen übernommen und weitergetragen, die teilweise unbewusst die langsame Weiterentwicklung der Gesellschaft bestimmen.

Aus diesen Gründen sollten wir auf der Hut sein und keine Wissenschaft und wissenschaftliche Methode überschätzen, wenn es um eine Frage der Probleme der Menschheit geht, und wir sollten nicht davon ausgehen, dass Experten die Einzigen sind, die ein Recht darauf haben, sich zu Fragen zu äußern, die die Organisation der Gesellschaft betreffen.

Unzählige Stimmen behaupten seit geraumer Zeit, dass nun, da die menschliche Gesellschaft eine Krise durchmache, ihre Stabilität ernsthaft erschüttert worden sei. Es ist charakteristisch für eine derartige Situation, dass sich Individuen gleichgültig oder sogar feindlich gegenüber der kleinen oder großen Gruppe verhalten, zu der sie gehören. Hierzu eine persönliche Erfahrung: Ich erörterte vor Kurzem mit einem intelligenten und freundlich gesonnenen Mann die Bedrohung durch einen erneuten Krieg, der meiner Meinung nach die Existenz der Menschheit ernsthaft gefährden würde, und ich bemerkte, dass nur eine supranationale Organisation Schutz vor dieser Gefahr gewährleisten könnte. Daraufhin sagte mein Besucher – sehr ruhig und gelassen –: „Warum bist du so vehement gegen das Verschwinden der Menschheit?“ Ich bin mir sicher, dass ein Jahrhundert früher niemand so leicht eine derartige Bemerkung gemacht hätte. Es ist die Aussage eines Mannes, der sich vergebens bemüht hat, sein inneres Gleichgewicht zu finden, und der mehr oder weniger die Hoffnung auf Erfolg verloren hat. Es ist der Ausdruck einer schmerzhaften Vereinsamung und Isolation, an der so viele Leute in dieser Zeit leiden. Was ist die Ursache? Gibt es einen Ausweg?

Es ist einfach, solche Fragen aufzuwerfen, viel schwieriger hingegen, sie mit Gewissheit zu beantworten. Doch das muss ich versuchen, so gut ich kann, obwohl ich mir der Tatsache bewusst bin, dass unsere Gefühle und unsere Bestrebungen oft widersprüchlich und obskur sind und dass sie nicht in einfachen Formeln ausgedrückt werden können.

Der Mensch ist gleichzeitig ein Einzel- und ein Sozialwesen. Als ein Einzelwesen versucht er, seine eigene Existenz und die derjenigen Menschen zu schützen, die ihm am nächsten sind, sowie seine Bedürfnisse zu befriedigen und seine angeborenen Fähigkeiten zu entwickeln. Als ein Sozialwesen versucht er, die Anerkennung und Zuneigung seiner Mitmenschen zu gewinnen, ihre Leidenschaften zu teilen, sie in ihren Sorgen zu trösten und ihre Lebensumstände zu verbessern. Allein die Existenz dieser vielseitigen, häufig widerstreitenden Bestrebungen macht den speziellen Charakter des Menschen aus, und die jeweilige Kombination bestimmt, inwieweit ein Individuum sein inneres Gleichgewicht erreichen und damit etwas zum Wohl der Gesellschaft beitragen kann. Es ist gut vorstellbar, dass die relative Kraft dieser beiden Antriebe hauptsächlich erblich bedingt ist. Aber die Persönlichkeit wird letztlich weitestgehend von der Umgebung geformt, die ein Mensch zufällig vorfindet, durch die Gesellschaftsstruktur, in der er aufwächst, durch die Traditionen dieser Gesellschaft und dadurch, wie bestimmte Verhaltensweisen beurteilt werden. Der abstrakte Begriff „Gesellschaft“ bedeutet für den einzelnen Menschen die Gesamtheit seiner direkten und indirekten Beziehungen zu seinen Zeitgenossen, den Menschen früherer Generationen. Das Individuum allein ist in der Lage, zu denken, zu fühlen, zu kämpfen, selbstständig zu arbeiten; aber es ist in seiner physischen, intellektuellen und emotionalen Existenz derart abhängig von der Gesellschaft, dass es unmöglich ist, ihn außerhalb des gesellschaftlichen Rahmens überhaupt zu betrachten. Es ist die Gesellschaft, die den Menschen Kleidung, Wohnung, Werkzeuge, Sprache, die Formen des Denkens und die meisten Inhalte dieser Gedanken liefert, sein Leben wird durch die Arbeit möglich gemacht und durch die Leistungen der vielen Millionen Menschen früher und heute, die sich hinter dem Wörtchen „die Gesellschaft" verbergen.

Deshalb ist die Abhängigkeit des Einzelnen von der Gesellschaft ein Naturgesetz, das – wie im Falle von **Ameisen und Bienen** (Hervorhebung d. A.) – offenbar nicht einfach so abgeschafft werden kann. Doch während der gesamte Lebensprozess von Ameisen und Bienen bis hin zum kleinsten Detail an starre, erbliche Instinkte gebunden ist, sind die sozialen Muster und die engen sozialen Verbindungen der Menschen sehr empfänglich für verschiedenste Veränderungen. Das Gedächtnis, die Kapazität, Neues zu versuchen, und die Möglichkeit, mündlich zu kommunizieren, haben für den Menschen Entwicklungen möglich gemacht, die nicht von biologischen Gegebenheiten diktiert wurden. Solche Entwicklungen manifestieren sich in Traditionen, Institutionen und Organisationen, in der Literatur, in wissenschaftlichen und technischen Errungenschaften, in künstlerischen Arbeiten. Das erklärt, weshalb der Mensch in einem gewissen Sinne sein Leben selbst beeinflussen kann, und dass in diesem Prozess bewusstes Denken und Wollen eine Rolle spielt.

Vergissmeinnicht und Veilchen werden vor allem durch Ameisen genutzt und verbreitet.

Der Mensch erwirbt mit der Geburt durch Vererbung eine biologische Grundlage, die wir als fest und unabänderlich betrachten müssen. Dies schließt die natürlichen Triebe ein, die für die menschliche Spezies charakteristisch sind. Darüber hinaus erwirbt er während seines Lebens eine kulturelle Grundlage, die er von der Gesellschaft durch Kommunikation und durch viele andere Arten von Einflüssen übernimmt. Es ist diese kulturelle Grundlage, die im Lauf der Zeit Änderungen unterworfen ist und die zu einem großen Teil die Beziehungen zwischen dem Individuum und der Gesellschaft bestimmt. Die moderne Anthropologie hat uns durch vergleichende Untersuchungen der sogenannten „primitiven Kulturen" gelehrt, dass das soziale Verhalten von Menschen sehr unterschiedlich sein kann und jeweils abhängig ist von den vorherrschenden kulturellen Mustern und dem in der Gesellschaft vorherrschenden Organisationstyp. Auf diese Tatsache können diejenigen bauen, die das Los der Menschen verbessern wollen: Menschen werden nicht durch ihre biologische Konstitution dazu verdammt, einander zu vernichten oder auf Gedeih und Verderb einem schrecklichen, selbst auferlegten Schicksal zu erliegen.

Wenn wir uns fragen, wie die Gesellschaftsstruktur und die kulturelle Einstellung des Menschen geändert werden soll, um das menschliche Leben so befriedigend wie möglich zu machen, sollten wir uns immer bewusst sein, dass es bestimmte Bedingungen gibt, die wir unmöglich verändern können. Wie bereits erwähnt, sieht die **biologische Natur** des Menschen in der Praxis **keine Veränderungen** (Hervorhebung d. A.) vor. Des Weiteren haben technologische und demografische Entwicklungen der letzten Jahrhunderte Bedingungen geschaffen, die bleibend sind. Bei einer relativ hohen Bevölkerungsdichte und mit Blick auf die Waren, die für ihre Existenz unentbehrlich sind, sind eine extreme Arbeitsteilung und ein hoch zentralisierter Produktionsapparat unbedingt notwendig. Die Zeiten, in denen Individuen oder relativ kleine Gruppen völlig autark sein konnten – und die zurückblickend so idyllisch erscheinen – sind unwiderruflich vorbei. Es ist nur eine leichte Übertreibung zu behaupten, dass die Menschheit jetzt sogar eine weltweite Gemeinschaft in Bezug auf Produktion und Verbrauch bildet.

An diesem Punkt angelangt, kann ich kurz aufzeigen, was für mich das Wesen der Krise unserer Zeit ausmacht. Es betrifft die Beziehung des Einzelnen zur Gesellschaft. Der Einzelne ist sich seiner Abhängigkeit von der Gesellschaft bewusster als je zuvor. Aber er erfährt diese Abhängigkeit nicht als etwas Positives, Organisches, als Schutzgewalt, sondern eher als eine Bedrohung seiner naturgegebenen Rechte oder sogar seiner ökonomischen Existenz. Außerdem ist seine Stellung in der Gesellschaft so, dass die egoistischen Triebe ständig hervorgehoben, während die sozialen Triebe, die er von Natur aus hat, schwächer werden und immer mehr verkümmern. Alle Menschen leiden unter diesem Prozess der Verschlechterung – ganz gleich, welche Stellung sie in der Gesellschaft innehaben. Als unwissentlich Gefangene ihrer eigenen Ichbezogenheit fühlen sie sich unsicher, einsam und des ursprünglichen, einfachen und schlichten Genusses des Lebens beraubt. Der Mensch kann den Sinn seines kurzen und bedrohten Lebens nur innerhalb der Gesellschaft finden.

Die ökonomische Anarchie der kapitalistischen Gesellschaft heute ist meiner Meinung nach die eigentliche Ursache des Übels. Wir sehen vor uns eine riesige Gemeinschaft von Erzeugern, deren Mitglieder unaufhörlich bestrebt sind, einander die Früchte ihrer kollektiven Arbeit zu entziehen – nicht mit Gewalt, aber in getreuer Einhaltung der gesetzlich feststehenden Regeln. In dieser Hinsicht ist es wichtig zu realisieren, dass die Produktionsmittel – d. h. die ganze produktive Kapazität, die für das Produzieren von Verbrauchsgütern wie auch zusätzlichen Investitionsgütern erforderlich ist – gesetzlich gesehen im privaten Besitz von Individuen sein können, und zum größten Teil ist das auch so.

Um es einfacher zu machen, werde ich im Folgenden all jene als „Arbeiter" bezeichnen, die kein Eigentum an Produktionsmitteln besitzen – auch wenn dies nicht der üblichen Verwendung des Ausdrucks entspricht. Der Eigentümer der Produktionsmittel ist in einer Position, in der er die Arbeitskraft des Arbeiters kaufen kann. Mit den Produktionsmitteln produziert der Arbeiter Waren, die ins Eigentum des Kapitalisten übergehen. Wesentlich in diesem Prozess ist die Relation zwischen dem, was der Arbeiter verdient, und dem, was ihm dafür bezahlt wird – beides gemessen am wirklichen Wert. Dadurch, dass der Arbeitsvertrag „offen" ist, wird das, was der Arbeiter erhält, nicht vom wirklichen Wert der produzierten Waren bestimmt, sondern durch seinen Minimalbedarf und durch die Erfordernisse des Kapitalisten im Zusammenhang mit der Zahl der Arbeiter, die miteinander um die Arbeitsplätze konkurrieren. Es ist wichtig zu verstehen, dass sogar in der (ökonomischen) Theorie die Bezahlung des Arbeiters nicht vom Wert seines Produktes bestimmt wird.

Privates Kapital tendiert dazu, in wenigen Händen konzentriert zu werden – teils aufgrund der Konkurrenz zwischen den Kapitalisten und teils, weil die technologische Entwicklung und die wachsende Arbeitsteilung die Entstehung von größeren Einheiten auf Kosten der kleineren vorantreiben. Das Ergebnis dieser Entwicklungen ist eine Oligarchie von privatem Kapital, dessen enorme Kraft nicht einmal von einer demokratisch organisierten politischen Gesellschaft überprüft werden kann. Dies ist so, da die Mitglieder der gesetzgebenden Organe von politischen Parteien ausgewählt sind, die im Wesentlichen von Privatkapitalisten finanziert oder anderweitig beeinflusst werden und in der Praxis die Wähler von der Legislative trennen. Die Folge ist, dass die „Volksvertreter" die Interessen der unterprivilegierten Schicht der Bevölkerung nicht ausreichend schützen. Außerdem kontrollieren unter den vorhandenen Bedingungen die Privatkapitalisten zwangsläufig direkt oder indirekt die Hauptinformationsquellen (Presse, Radio, Bildung). Es ist deshalb äußerst schwierig und für den einzelnen Bürger in den meisten Fällen fast unmöglich, objektive Schlüsse zu ziehen und in intelligenter Weise Gebrauch von seinen politischen Rechten zu machen.

Die Situation in einem Wirtschaftssystem, das auf dem Privateigentum an Kapital basiert, wird durch zwei Hauptprinzipien charakterisiert: Erstens sind die Produktionsmittel (das Kapital) in privatem Besitz und die Eigentümer verfügen darüber, wie es ihnen passt; zweitens ist der Arbeitsvertrag offen. Natürlich gibt es keine rein kapitalistische Gesellschaft. Vor allem sollte beachtet werden, dass es den Arbeitern durch lange und bittere politische Kämpfe gelungen ist, bestimmten Kategorien von Arbeitern eine ein wenig verbesserte Form des „nichtorganisierten Arbeitervertrags" zu sichern. Aber als Ganzes genommen unterscheidet sich die heutige Wirtschaft nicht so sehr von einem „reinen" Kapitalismus.

Die Produktion ist für den Profit da – nicht für den Bedarf. Es gibt keine Vorsorge dafür, dass all jene, die fähig und bereit sind zu arbeiten, immer Arbeit finden können. Es gibt fast immer ein „Heer von Arbeitslosen“. Der Arbeiter lebt dauernd in der Angst, seinen Job zu verlieren. Da arbeitslose und schlecht bezahlte Arbeiter keinen profitablen Markt darstellen, ist die Warenproduktion beschränkt und große Not ist die Folge. Technologischer Fortschritt führt häufig zu mehr Arbeitslosigkeit statt zu einer Milderung der Last der Arbeit für alle. Das Gewinnmotiv ist in Verbindung mit der Konkurrenz zwischen den Kapitalisten für Instabilität in der Akkumulation und Verwendung des Kapitals verantwortlich und dies bedeutet zunehmende Depressionen. Unbegrenzte Konkurrenz führt zu einer riesigen Verschwendung von Arbeit und zu dieser Lähmung des sozialen Bewusstseins von Individuen, die ich zuvor erwähnt habe.

Diese Lähmung des Einzelnen halte ich für das größte Übel des Kapitalismus. Unser ganzes Bildungssystem leidet darunter. Dem Studenten wird ein übertriebenes Konkurrenzstreben eingetrichtert und er wird dazu ausgebildet, raffgierigen Erfolg als Vorbereitung für seine zukünftige Karriere anzusehen.

Ich bin davon überzeugt, dass es nur einen Weg gibt, dieses Übel loszuwerden, nämlich den, ein sozialistisches Wirtschaftssystem zu etablieren, begleitet von einem Bildungssystem, das sich an sozialen Zielsetzungen orientiert. In solch einer Wirtschaft gehören die Produktionsmittel der Gesellschaft selbst und ihr Gebrauch wird geplant. Eine Planwirtschaft, die die Produktion auf den Bedarf der Gemeinschaft einstellt, würde die durchzuführende Arbeit unter all denjenigen verteilen, die in der Lage sind zu arbeiten, und sie würde jedem Mann, jeder Frau und jedem Kind einen Lebensunterhalt garantieren. Die Bildung hätte zum Ziel, dass die Individuen zusätzlich zur Förderung ihrer eigenen angeborenen Fähigkeiten einen Verantwortungssinn für die Mitmenschen entwickeln, anstelle der Verherrlichung von Macht und Erfolg in unserer gegenwärtigen Gesellschaft.

Dennoch ist es notwendig festzuhalten, dass eine Planwirtschaft noch kein Sozialismus ist. Eine Planwirtschaft als solche kann mit der totalen Versklavung des Individuums einhergehen. Sozialismus erfordert die Lösung einiger äußerst schwieriger soziopolitischer Probleme. Wie ist es angesichts weitreichender Zentralisierung politischer und ökonomischer Kräfte möglich, eine Bürokratie daran zu hindern, allmächtig und maßlos zu werden? Wie können die Rechte des Einzelnen geschützt und dadurch ein demokratisches Gegengewicht zur Bürokratie gesichert werden?

In unserem Zeitalter des Wandels ist Klarheit über die Ziele und Probleme des Sozialismus von größter Bedeutung. Da unter den gegenwärtigen Umständen die offene und ungehinderte Diskussion dieser Probleme einem allgegenwärtigen Tabu unterliegt, halte ich die Gründung dieser Zeitschrift für ausgesprochen wichtig.

(www.monthlyreview.org/598einst.htm) dbj 9/2007

Angesichts der tatsächlichen Entwicklung in den zurückliegenden Jahrzehnten ist es schon erstaunlich, wie weitsichtig und fundiert Einstein die aufgeworfene Fragestellung betrachtete. Weltweite sozialistische Bestrebungen lassen erkennen, dass Einsteins Auffassungen immer noch ihre Existenzberechtigung haben. Demokratischer Sozialismus als Gesellschaftssystem behält auch durch Einstein eine Perspektive.

Auch bei Vorhandensein von Massentrachten nutzen die Bienen andere im Flugkreis vorhandene Trachtangebote wie die Rosskastanie oder den Mohn. (Zur Verfeinerung der Rostbratwurst nutzen wir ja auch Mostrich.)

Nachdem nun etwas erkennbarer wurde, dass sich Einstein nicht direkt über Honigbienen ausgelassen hat, soll der Leser damit ausgesöhnt werden, dass es durchaus Persönlichkeiten in der Geschichte gab, in deren Werk Honigbienen einen angemessenen Platz einnehmen. Kein Geringerer als der englische Dichter William Shakespeare (1564–1616) hat in seinem Lebenswerk (sämtliche Werke in vier Bänden: Aufbau-Verlag Berlin und Weimar 1964) so oft direkt, aber auch bildhaft dichterisch erhöht von der Honigbiene, ihrem Stachel, dem Honig, dem Wachs gesprochen, dass angenommen werden kann, dass er sehr enge Berührung mit diesem außerordentlich bedeutsamen Lebewesen hatte. Nachdem mir, einem Imker, beim Lesen seines Gesamtwerkes dieser Sachverhalt aufgefallen war, versuchte ich mit Notizen einiges herauszufiltern und in einer Chrestomathie, einer Auswahl von derartigen Zitaten, zu sammeln. Bei einem Umfang von ca. 4000 Seiten ist dies ein nahezu hoffnungsloses Unterfangen. So entschloss ich mich, nachdem ich eine geeignete Stelle bei „König Heinrich V." gefunden hatte, dies zum Besten zu geben. (Band 3, S. 398–399)

In der zweiten Szene empfängt König Heinrich „Berater" um diese, „betreffend uns und Frankreich", anzuhören: In diesem Zusammenhang hört er den Erzbischof von Canterbury.

CANTERBURY: Sehr wahr: drum teilt der Himmel
Des Menschen Stand in mancherlei Beruf
Und setzt Bestrebung in beständ'gen Gang,
Dem, als zum Ziel, Gehorsam ist gestellt.
So tun die Honigbienen, Kreaturen,
Die durch die Regel der Natur uns lehren,

Zur Ordnung fügen ein bevölkert Reich.
Sie haben einen König und Beamte
Von unterschiednem Rang, wovon die einen,
Wie Obrigkeiten, Zucht zu Hause halten,
Wie Kaufleut' andre auswärts Handel treiben,
Noch andre wie Soldaten, mit den Stacheln
Bewehrt, die samtnen Sommerknospen plündern
Um dann den Raub mit lust'gem Marsch nach Haus
Zum Hauptgezelte ihres Kaisers bringen;
Der emsig in der Majestät, beachtet,
Wie Maurer singend goldne Dächer baun;
Die stillen Bürger ihren Honig kneten;
Wie sich die armen Tagelöhner drängen
Mit schweren Bürden an dem engen Tor;
Wie, mürrisch summend, der gestrenge Richter
Die gähnende und faule Drohne liefert
In bleicher Henkerhand. Ich folgre dies:
Daß viele Dinge, die zusammenstimmen
Zur Harmonie, verschieden wirken können,
Wie viele Pfeile da und dorther fliegen
Zu einem Ziel;
Wie viel verschiedne Weg' in eine Stadt,
Wie viele frische Ström' in einen See,
Wie viele Linien in den Mittelpunkt
An einer Sonnenuhr zusammenlaufen:
So, erst im Gang, kann tausendfaches Wirken
Zu einem Zweck gedeihn, wohl durchgeführt
Und ohne Mangel …

Ökologisch determinierte Vorschläge

Nach der Wahl als Obmann für Bienenweide und Ameisenhege in den erweiterten Vorstand des Landesverbandes Brandenburgischer Imker 2001 wurden in den Berichterstattungen an die Vertreterversammlung Jahr für Jahr Vorschläge und Hinweise zur Berücksichtigung der neu definierten Rolle der Honigbienen unterbreitet. Um diese Vorschläge möglichst vielen Imkern des Landesverbandes nahezubringen und auch in der Praxis erfolgreich umsetzen zu können, wurde der Rechenschaftsbericht vervielfältigt und zu den jährlich stattfindenden Vertreterversammlungen zur unmittelbaren Auswertung an alle Vereine überreicht. Zugleich erhielten auch die Gäste und Referenten der Tagungen ein Exemplar des jeweiligen Berichtes.

Die Duftraute bietet im Sommer eine überaus reiche Tracht.

Obwohl die Nachkommen eines Schmetterlings die jungen Blätter für ihre Entwicklung nutzten, erholte sich das Pfaffenhütchen und setzte überaus reichlich Früchte an.

Auf diesem Wege wurde eine Vielzahl von Hinweisen und Vorschlägen unterbreitet, die hier zumindest angedeutet werden sollen.

17.03.2002 in Bernau: In allen Bereichen des Landes, in jeder Ortschaft, in land- und forstwirtschaftlichen Betrieben, in jeder Kleingartenanlage grundsätzlich Bienenhaltung anzustreben und zu fördern. Ansiedelung von Bienen im Wald unter Berücksichtigung der konkreten örtlichen Trachtverhältnisse und Aufnahme in den Katalog der Maßnahmen zur Unterstützung der Hügel bauenden Waldameisen. Empfehlung zur Bienenhaltung an alle Ameisenschützer, Förster, Jäger, Angler, Waldbesitzer, Vogelschutzwarten, Kleingartenvereine, Gemeinden, Waldschulen, Wildgehege, Biogärten etc. und Sicherung der Ortsüblichkeit der Bienenhaltung in den Ortssatzungen. Umweltbildung auch im Rahmen der Bildung von Jugendlichen.

30.03.2003 Frankfurt/Oder: Hinweis zur Vermeidung der Nutzung von Trachten, die mit genetisch verändertem Saatgut bestellt wurden. Finanzierung von 650.000 Arbeitsplätzen mit den Ökosteuereinnahmen in Höhe von 17 Mrd. Euro. Vergütung der Blütenbestäubung insbesondere durch Obstanbaubetriebe. Die Anzahl der für ein natürliches Gleichgewicht notwendigen Bienenvölker in Brandenburg ist mit weniger als einem Bienenvolk pro qkm alarmierend gering. Zur Aufnahme in den Gesetzestext wurden an 25 Stellen des Referentenentwurfes zur Novellierung des Brandenburgischen Naturschutzgesetzes Vorschläge wörtlich formuliert. Sie sollten sichern, dass nicht nur einzelne, vom Aussterben bedrohte Vogel- und andere Tierarten namentlich aufgenommen, sondern erstmalig die Honigbiene und die Waldameise als übergeordnete Gesundheitsfaktoren des Waldes und der gesamten freien Natur überhaupt genannt werden.

28.03.2004 Nauen: Das Ziel, Erhaltung und Nutzung natürlicher Ressourcen, wie in Artikel 8 der Konvention über die biologische Vielfalt formuliert, dass lebensfähige Populationen von Arten zu bewahren und zu fördern sind, beinhaltet für Honigbienen die Nutzung des gesamten Territoriums, der freien Natur, in dem diese ihre biologischen Bedürfnisse befriedigen können. Also nicht nur Duldung einer ausreichen großen Zahl, sondern auch deren Betreuung durch den Menschen, der innerhalb eines halben Jahrtausends deren Lebensbedingungen rigoros einschränkte und teilweise lebensfeindlich gestaltete. Die Nutzung des Territoriums unter Ausschluss der Bienen durch die jeweiligen Nutzer stellt einen klaren Verstoß gegen die Zielvorgaben von Rio de Janeiro dar. Es fehlt die gesetzlich vorgeschriebene Pflicht zur Bienenhaltung für alle Landbesitzer/-nutzer. Die Honigbiene erweist sich als notwendige Voraussetzung für den Erhalt der natürlichen Umwelt und nicht als Nahrungskonkurrent anderer Arten.

20.03.2005 Cottbus: Warnung vor weiterem Rückgang des Bestandes an Bienenvölkern. Wegen fehlender Blütenbestäubung durch Bienen gehen wild lebende Blütenpflanzen, die auf diese Bestäubung angewiesen sind, in ihrem Bestand zurück. Gleichzeitig nehmen dadurch Pflanzen zu, die durch Wind bestäubt werden. Dies hat zur Folge, dass 80 Millionen Europäer von diversen Allergien betroffen sind. Die verbale Bewertung des ökologischen Nutzens der Honigbiene wurde neu definiert und erhielt durch die Bestimmung des ökonomischen Wertes ihrer Leistungen eine besser fundierte Basis.

Bei Kirsche und Apfel ist mit dem Bestäuben von Blüten eine reiche Ernte zu erwarten.

Es wurde gefordert, Honigbienen als verdrängte, ehemals wild lebende Art in allen geeigneten Biotopen ihres natürlichen Verbreitungsgebietes wieder anzusiedeln. Durch das nahezu vollständige Fehlen von Honigbienen in freier Natur wird der Druck ihrer Prädatoren auf jene noch vorhandenen Insekten gelenkt, die bei Weitem nicht über Volksstärken wie Honigbienen verfügen.

19.03.2006 Rathenow: Mit der grundlegenden Ausweitung der Bienenhaltung auf jeden Quadratkilometer Landesfläche können Arbeitsplätze im ländlichen Raum in einem Umfang geschaffen werden, der zur Realisierung der umweltpolitischen Ziele der jeweils regierenden Parteien beiträgt. Zugleich würde der Effekt dieser Entscheidung die Notwendigkeit einer umfangreichen Produktion der erforderlichen Imkereiausrüstung nach sich ziehen. Es wurde der Vorschlag unterbreitet, allen Imkern den definierten ökologischen Nutzen der Honigbienen im Umfang von etwa 10 % zu finanzieren und damit die Motivation, Bienen zu halten, besser fundieren. An derartige Zahlungen können durchaus Bedingungen gestellt werden, mit denen zentrale Anliegen des Deutschen Imkerbundes, aber auch anderer Naturschutz- oder Umweltverbände unterstützt werden.

25.03.2007 Potsdam: Unter dem Eindruck der weiter zunehmenden öffentlichen Diskussion über den Klimawandel wurde erneut bekräftigt, dass die Honigbiene jenes Schlüssellebewesen ist, durch das die biologische Vielfalt erhalten werden kann. In Fragen der Nutzung von genetisch veränderten Organismen (GVO) aus der Sicht der Imkerei wurde die Forderung bekräftigt, bis zum Vorliegen belastbarer und fundierter Forschungsergebnisse auf die Nutzung von GVO, wegen der nicht rückholbaren Risiken, grundsätzlich zu verzichten. Betont wurde die Notwendigkeit eines bedeutend höheren Besatzes an Bienenvölkern in Brandenburg. Dazu bedarf es der Aktivitäten aller Imkervereine und entsprechender politischer Entscheidungen. Stärker als bisher ist es erforderlich, in jenen Gebieten, in denen sich seltene und vom Aussterben bedrohte Pflanzen noch befinden, die auf die Bestäubung durch Bienen angewiesen sind – z. B. Orchideenarten –, durch den Einsatz von Bienenvölkern, während der Blüte, zu erhalten.

Zum Abschluss des Jahres 2007 sei es gestattet, bereits hier einen Teil jener Ergebnisse, die im Imkerverein Königs Wusterhausen in der zurückliegenden Saison erzielt wurden, darzustellen und einer Bewertung zu unterziehen. Sie werden in der Berichterstattung anlässlich der Vertretertagung des Landesverbandes Anfang 2008 berücksichtigt. Auf der Grundlage des im Dahme-Kurier der Märkischen Allgemeinen Zeitung (MAZ) vom 28.02.2007 veröffentlichten Aufrufes **„Bienenvölker zu vermieten“** erfolgte durch den Fernsehsender RBB eine dementsprechende Information, die mehrfach ausgestrahlt wurde. In der Folge bewarben sich landesweit über 20 Interessierte, um an dem Imkern auf Probe teilzunehmen. Innerhalb des Vereins nahmen sieben Bewerber von April bis August an den wöchentlichen Veranstaltungen teil. Darüber hinaus erfolgten sporadisch individuelle Konsultationen zu den jeweils anstehenden Themen mit weiteren sieben interessierten Bewerbern, die an den wöchentlichen Maßnahmen nicht teilnehmen konnten. Weitere Bewerber wurden an die in der Nähe ihrer Wohnorte befindlichen Vereine vermittelt.

Beim Schwärmen der Bienen bleiben die meisten Milben im alten Volk zurück. Ökologisch orientierte Imker sollten deshalb, auch um Resistenzen gegenüber Tierarzneimitteln vorzubeugen, neben dem Ausschneiden von befallenen Drohnenwaben auch diese Option im Auge behalten. In der Heimat der Varroa-Milbe ist diese an die Biene angepasst. Dort schwärmen sich die Bienen von den Parasiten frei und überlebten deshalb seit vielen Jahren. Hier in Deutschland wird der Schwarmtrieb unterdrückt.

Das Konzept sah vor, alle im Verlaufe der „Bienensaison“ erforderlichen Arbeiten, einschließlich dem Honigschleudern, gemeinsam zu realisieren. Informativ wurde auf Fragen der Königinnenzucht eingegangen. Zu Zwecken des Versicherungsschutzes wurde die Mitgliedschaft im Verein empfohlen, und demgemäß nahmen die Probanten an den Mitgliederversammlungen teil. Mit einem Schnupperabonnement des Deutschen Bienen Journals (dbj) wurde auf die monatlichen fachspezifischen Beiträge orientiert. Es ist der Wunsch von Teilnehmern, im Jahr 2008 erneut gemeinsam unter Anleitung eines Imkers einen derartigen Kurs zu absolvieren. Dabei sollen dann Fragen der Weiselzucht berücksichtigt werden.

Die Integration der Imker auf Probe im Verein hatte einen weiteren Effekt. Alljährlich erfolgt im Landesverband Brandenburgische Imker ein Wettbewerb um die besten Honige. Obwohl der Verein alljährlich mit etwa 20 % der Honiggebinde (je Honigsorte drei 500-g-Gläser) am Wettbewerb teilnahm, wurden in diesem Jahr deutlich darüber hinausgehende Ergebnisse erzielt. Neun Wettbewerbsteilnehmer (35 %) des Landes Brandenburg kamen aus dem Imkerverein. Von den 21 eingereichten Wettbewerbshonigen des Vereins wurden 1 Goldmedaille (von 2), 7 Silbermedaillen (von 12), 7 Bronzemedaillen und 6 Anerkennungen erreicht. „40 Prozent aller geprüften Honigsorten beim diesjährigen Wettbewerb kamen allein aus dem Imkerverein Königs Wusterhausen. Und das Erfreuliche an dem Erfolg: Selbst einige Probe-Imker, die in diesem Jahr erstmals bei den Profis in die ‚Schule' gegangen und offenbar auf den Geschmack gekommen sind, wurden bereits ausgezeichnet." (MAZ, 18. Oktober 2007) So erreichte Klaus-Dieter Kanschur aus Senzig eine Silbermedaille, Gerald Linke und Heike Raub aus Gussow sowie Frank Heitzendorfer aus Halbe errangen Bronzemedaillen. Den Glückwünschen für die erfolgreiche Teilnahme kann man sich nur anschließen, zumal sich die Vereinsmitglieder für das 100-jährige Gründungsjubiläum des Vereins am 17. Mai 2008 selbst ein würdiges Geschenk bereiteten.

Die in diesem Kapitel dargestellten ökologisch determinierten Vorschläge sind in dieser Form noch unvollständig und bedürfen aus diesem Grunde einer Ergänzung. Als im Jahr 2005 der damals scheidende Präsident des

Deutschen Imkerbundes, Ekkehard Hülsmann, seinen Rücktritt verkündete, bewarb ich mich offiziell um die vakante Funktion als Präsident. Zuvor hatte ich mich mit ihm über mögliche Unwägbarkeiten und Risiken in einem persönlichen Gespräch ausgetauscht. Dabei spielten die von ihm in D.I.B. AKTUELL 1/2005 genannten und der Lösung harrenden Kernaufgaben und Fragestellungen des Präsidenten an der Spitze des Imkerbundes eine Rolle. Eingebunden darin war die Fragestellung nach dem zukünftigen Sitz des D.I.B. in Berlin. Mein Wohnort in Brandenburg, unmittelbar an der Bundeshauptstadt Berlin, bot sich direkt dafür an, in der anstehenden Legislaturperiode kurzfristig anstehende Aufgaben mit zu tragen. Den Hauptschwerpunkt meiner Bewerbung sah ich allerdings, wegen der Ursachen seines Rücktritts, in der Entwicklung von Visionen, die es allen Imkern gestatten, neue Wege konstruktiv mitzugehen. Diese Vorstellungen, die gerade am Anfang dieses Kapitels in den jährlichen Berichterstattungen erwähnt wurden, behalten auch weiterhin ihre Aktualität.

In die ausführliche Bewerbung wurden aufgenommen: Aufgrund neuer Erkenntnisse über die Rolle der Honigbienen in freier Natur wurde in über fünf Jahren Publikationen erarbeitet und in diesem Rahmen umfassende Vorschläge unterbreitet, wie der in den letzten Jahrzehnten weltweit beklagte Rückgang von Pflanzen- und Tierarten mithilfe des Schlüssellebewesens Honigbiene verlangsamt, für viele Arten gestoppt und für einen Teil in der Tendenz umgekehrt werden kann.

Die neu entwickelten Konzepte haben eine spürbare Zustimmung bei vielen für Natur- und Umweltschutz sensibilisierten Menschen gefunden. Neben den Imkern wurden Ameisenschützer, Ornithologen, Landwirte, Forst, die Landwirtschaftskammern, der Waldbesitzerverband, Deutscher Forstverein, Bund Deutscher Forstleute, Schutzgemeinschaft Deutscher Wald, Naturschutz und Landschaftspflege, die verschiedenen Naturschutzverbände BUND u. a., Grüne Liga, Naturschutzbund NABU sowie alle in Lehre und Forschung eingebundenen wissenschaftlichen Dachorganisationen im Bund und in den Bundesländern mit den Publikationen und den in ihnen enthaltenen Vorschlägen vertraut gemacht.

Insbesondere für die politisch Verantwortlichen wurde formuliert, dass die Bienenhaltung durch ihre Entscheidungen unter dem Einfluss mächtiger Konzerninteressen existentiell bedroht wird. Es liegt auch am Deutschen Imkerbund, bekannt zu machen, dass es unter politischen Entscheidungsträgern Imker gibt, die für die Ausweitung der Bienenhaltung beispielhaft handeln. So ist der Präsident des Bundesumweltamtes, Prof. Dr. Hartmut Vogtmann, selber praktizierender Imker, wie er mir in einem persönlichen Schreiben mitteilte. Und dass der Präsident der Ukraine, Viktor Juschtschenko, als Imker 200 Bienenvölker besitzt, sollte durchaus verbal gewürdigt werden.

In den Publikationen wird darauf verwiesen, dass neben den medizinischen Maßnahmen zur Linderung von Pollenallergien auch Veränderungen in freier Natur – Land und Forst – in Erwägung gezogen werden können. 25 Jahre andauernde Untersuchungen von Wissenschaftlern aus 31 europäischen Ländern über die „natürliche“ Vegetation Europas bekräftigen in überzeugender Weise die Richtigkeit der neuen Thesen über die Rolle von Honigbienen in freier

Natur. Ihr hohes Gewicht als Blüten bestäubendes Insekt für ca. 80 % aller Blütenpflanzen sowie als Nahrungskomponente Insekten fressender Lebewesen (Biomasse) führte zur aktuellen Definition ihres ökologischen Wertes als Summe dieser beiden Komponenten.

Empirisch wurde ermittelt, dass auf 125.000 qkm Landesfläche alleine in Deutschland keine Bienen mehr leben. Für den Minimalbesatz einer derartigen Fläche mit jeweils vier Bienenvölkern pro qkm wäre ein Bedarf von 500.000 Bienenvölkern erforderlich, die innerhalb eines Jahres von einheimischen Imkern aufgebaut und bereitgestellt werden könnten. Für ihre Betreuung besteht ein Arbeitskräftebedarf von 5000 Berufsimkern mit je 100 oder 50.000 Freizeitimkern mit je 10 Bienenvölkern. Eine derartige Entscheidung, dies muss hier unbedingt eingefügt werden, kann in der gegenwärtigen Zeit nur noch durch die Politik getroffen werden. Der Deutsche Imkerbund kann mit seinem Konzept zur Unterstützung der Nachwuchsgewinnung nur jene Bedingungen nutzen, die durch politische Entscheidungen grundlegend geschaffen werden.

Sollte allerdings darüber hinaus durch politische Entscheidung in Erwägung gezogen werden, 96.000 t Honigimporte (dbj 10/2004) durch eigene Produktion zu substituieren, würden 4 Millionen Bienenvölker gebraucht, die den Einsatz von 33.000 Berufsimkern erforderlich machen. Dies würde einem guten Besatz der Landesfläche mit 11 bis 12 Bienenvölkern pro qkm entsprechen. Derartig umfangreiche Aufgaben erfordern innovatives Herangehen und Engagement aller Bienenhalter, aber insbesondere des Vorstandes des Deutschen Imkerbundes, der die Interessen der Imker nach außen vertritt. Mit einer strukturellen Teilung der Imker in divergierende Interessenverbände ist dies nur schwer lösbar.

Als flankierende Maßnahme wird vorgeschlagen, die Honigbiene, als ehemalige wild lebende Art, in die Gefährdungskategorie 0 „ausgestorben oder verschollen“ (IUCN-Kategorie „Extinct in the Wild“ [EW]) und in der Häufigkeitskategorie in die Höchststufe „es“, extrem selten, aufzunehmen. Die Dringlichkeit des Aufgreifens der unterbreiteten Vorschläge zur Bienenhaltung auf jedem Quadratkilometer der Landesfläche wurde mit der dpa-Meldung vom 25.01.2005 unterstrichen, dass der Klimawandel schon in zehn Jahren unumkehrbar sei. Die Entdeckung, dass die Verdrängung der Honigbienen aus Wald und freier Flur seit einem halben Jahrtausend Ausgangspunkt und damit *eine* bedeutsame Ursache für den vielfältigen Rückgang von Pflanzen- und Tierarten in Europa ist, sollte der entscheidende Schlüssel für Lösungsansätze sein. Politik und Gesellschaft werden in den Publikationen aufgefordert, sich für die Zunahme der Bienenhaltung einzusetzen. Die Bücher sind ein Appell an das Natur- und Umweltbewusstsein der Leser. (PRITSCH)

Im Ergebnis mangelnder Unterstützung durch die Politik, weil einem anderen Projekt eine höhere Priorität zugeordnet wurde, und aufgrund der unübersehbaren Verschlechterung der Situation für viele Arten wurde der Entschluss gefasst, an dieser selbst gestellten Aufgabe, bisher ohne jegliche finanzielle Unterstützung, weiter zu arbeiten. Die Vorworte von Prof. Dr. Dr. Schricker, Freie Universität Berlin, und Prof. Dr. Pritsch, Länderinstitut für Bienenkunde Hohen Neuendorf, sollten das Gewicht der Entdeckung unterstreichen.

Durch persönliche Werbung zu den Publikationen wurde ein verhältnismäßig breites Publikum mit den Intentionen vertraut gemacht. Für Übersetzungen in sieben Sprachen (Englisch, Französisch, Italienisch, Spanisch, Russisch, Tschechisch und Polnisch) wurden Vorabsprachen getroffen. Der Weltkongress der Bienenzüchter, die APIMONDIA, informierte über die Publikationen in Pressebulletins.

Mit einer Vielzahl von Zuschriften, auch von ranghohen, fachlich zuständigen und kompetenten Persönlichkeiten, wurde die geleistete Arbeit verbal gelobt. Die aktuellen Reaktionen machen sichtbar, dass den andauernden Bemühungen zunehmend Beachtung beigemessen wird und diese in der Praxis angewandt werden.

So schrieb der Präsident des Bundesamtes für Naturschutz, Prof. Dr. Vogtmann: „… vielen Dank für Ihren Brief, in dem Sie auf die ökologische Bedeutung und das Potenzial der Honigbienen für den Naturhaushalt hinweisen. Ihre Anmerkungen habe ich gerne zur Kenntnis genommen. Vor dem Hintergrund, dass der Zustand unserer Natur trotz einiger erfreulicher Erfolge, die erzielt werden konnten nach wie vor alarmierend ist, sind fundierte Initiativen zum Schutz und Erhalt unserer biologischen Vielfalt willkommen. Ihr eindrucksvolles Engagement macht deutlich, dass sich die Interessen von Imkern und Naturschützern in weiten Bereichen treffen.

Angesichts von Gefährdungen, die beschrieben wurden, dass der Artenrückgang bereits in zehn Jahren nicht mehr umkehrbar sein soll, wie dies britische Wissenschaftler erstmalig in einem zeitlichen Rahmen definierten, erscheint es angemessen, auf dem Wege der unverzüglich beginnenden flächendeckenden Bienenhaltung von mindestens 4 Bienenvölkern pro qkm das zur Zeit Machbare zu realisieren. Der Deutsche Imkerbund und die ihm angeschlossenen Verbände könnten sich bei der Umsetzung des Konzeptes als Vorreiter in den Fragen von Umwelt- und Naturschutz profilieren. Ob der seit dem Jahr 2000 eingetretene Zeitverlust allerdings wettgemacht werden kann und ob die Länder die Bienenhaltung auf ihrem Territorium per Gesetz den Besitzern/Nutzern übertragen und dadurch schneller Erfolge erzielen, hängt nicht unwesentlich davon ab, ob die vorgetragenen konzeptionellen Vorschläge für unterstützenswert, zukunftsfähig und innovativ befunden werden.

Dem in der gegenwärtigen Phase des allgemeinen Rückganges von Pflanzen- und Tierarten und unübersehbaren Gefährdungen für die Bienenhaltung in Deutschland – die von Dr. Klug in der ADIZ 6/2004 als verzichtbar bezeichnet wurde – stelle ich mein Konzept der flächendeckenden Bienenhaltung entgegen. Ich werde mich bemühen, im Interesse aller Imker und dem Erhalt der Natur, beharrlich auf die politischen Entscheidungsträger zuzugehen, und die erforderliche Hilfestellung einfordern. Damit möchte ich der Hoffnung Ausdruck verleihen, dass die Vertreterversammlung mein Konzept als zukunftsfähig und perspektivisch tragfähig bewertet. Ich rufe dazu auf: Tragen Sie dazu bei, die Honigbiene in jenen Rang zu erheben, der ihr objektiv zukommt. Die Imker haben mit der Honigbiene das Schlüssellebewesen für den Erhalt der natürlichen Umwelt. Dies sollten alle wissen.

Bedauerlicherweise wurde meine Bewerbung als Präsident des D.I.B., die schriftlich an die Vorstandsmitglieder des D.I.B. und an alle Landesverbände überreicht wurde, bereits im Landesverband Brandenburgischer Imker nicht unterstützt.

„Es wäre allerdings unumgänglich dass ich von meinem Landesverband vorgeschlagen werde und mich als Delegierter selbst den Vertretern vorstellen kann. Unter diesen Umständen ist eine Kandidatur aussichtslos, zumal in der derzeitigen Krisensituation. An potenten Bewerbern aus den Landesverbänden mangelt es eigentlich nicht. Aus diesem Grunde und auch, um Ihre Person nicht zu beschädigen, werde ich Ihre Bewerbung auf der Vertreterversammlung nicht vortragen, sofern dies nicht ihr Landesverband tut. Ich hoffe, Sie haben für meine Entscheidung Verständnis.“ Dies teilte der scheidende Präsident in einem persönlichen Schreiben mit.

Nach seiner Rückkehr von der außerordentlichen Vertretertagung berichtete der 2. Landesvorsitzende Dr. Strauch, der mit Dr. Zeller an der Tagung teilgenommen hatte, über den Ablauf der Wahl. Die Vertreter der Landesverbände Bayern und Baden-Württemberg, die gemeinsam über 55 % der erforderlichen Stimmen verfügen (nach Mitglieder- und Bienenvölkerzahl), bestimmten den Präsidentschaftskandidaten außerhalb des Konferenzraumes aus ihren Reihen und ließen die Vertreter aller anderen Verbände anschließend über ihre Entscheidung abstimmen. Dr. Strauch äußerte sich anschließend, seinem Bericht zufolge, derart, dass er nun wisse, was Demokratie sei. Leider kann ich dem nicht zustimmen. Bekanntlich ist es doch so, dass es Statuten und Wahlordnungen gibt, die verbindlich das Prozedere regeln.

Der Tagungsleiter hätte durchaus auf einen Geschäftsordnungsruf und die Forderung zur Änderung der Wahlordnung reagieren können. Bei einer derart verschobenen Konstellation, dass nur zwei Landesverbände alleine darüber befinden, wer Präsident wird, erscheint es mehr als angebracht, eine demokratisch legitimierte Lösung zu suchen und zu finden. Bei mehr als 20 Landesverbänden haben separatistische Lösungen nur dann eine Chance, wenn alle anderen Landesverbände über keinen geeigneten Bewerber für die jeweilige Wahlfunktion verfügen. Diese Auswahl geeigneter Bewerber aus allen Landesverbänden durch eine Findungskommission sollte in Ruhe geschehen und deshalb die Wahl, entsprechend dem Vorschlag von mehreren Landesverbänden, für mehrere Monate ausgesetzt werden. Nachdem nun die Wahl „legitim" abgelaufen ist, sollte der Antrag zur Änderung der Wahlordnung für die folgende Vertreterversammlung durch die Vorsitzenden aller Landesverbände aufgegriffen werden. Es ist nicht hinnehmbar, dass die überwältigende Mehrheit der Landesvertretungen derart entmündigt wird. Jeder Landesverband sollte ein entsprechendes Vorschlagsrecht für eigene Kandidaten erhalten und mit je einer Stimme darüber befinden, wer von den vorgeschlagenen Kandidaten aller Landesverbände in die jeweilige Funktion gewählt wird. Die Besten und Bewährtesten, meinetwegen auch potenten Bewerber aus den Landesverbänden, wie Ekkehard Hülsmann schreibt, sollen mit den wichtigsten Funktionen im Deutschen Imkerbund betraut werden.

D.I.B.-Präsident Anton Reck, dem ich zu seiner Wahl herzlich gratulierte, macht indes einen guten Eindruck. Seine offiziellen Äußerungen in seiner Tätigkeit lassen erkennen, dass eine ganze Reihe seiner Bemühungen in vollem Umfang mit meinen Auffassungen übereinstimmt. Ihm und den gewählten Vorstandsmitgliedern ist für die Legislaturperiode Erfolg zu wünschen. Dies ist umso erfolgreicher zu erwarten, je engagierter sich die Strukturelemente von ihrer Basis her, den Vereinen, hinter die Beschlüsse des Deutschen Imkerbundes stellen.

Ob mit diesen Beschlüssen in Europa etwas erreicht wird, hängt nicht unwesentlich von den Aktivitäten des Deutschen Imkerbundes ab. Gemäß einer Pressemitteilung vom 21.11.2007 beabsichtigt die Europäische Union aktuell, ihre Agrarpolitik zu reformieren. Dies soll im Wesentlichen durch Umverteilen von Subventionen erfolgen. Die erforderlichen Mittel sollen dabei vor allem durch Kürzung der Direktzahlungen an Großbetriebe zur Entwicklung der ländlichen Regionen umgeschichtet werden. Abgesehen von der Tatsache, dass Imker für die erbrachten ökologischen Leistungen ihrer Bienen bisher nicht honoriert wurden und der Rückgang der Bienenhaltung unter anderem auch diesem Umstand geschuldet ist, ergibt sich die einmalige Chance, neue Akzente zu setzen, die bisher nicht berücksichtigungsfähig waren.

Aus diesem Grunde wurde die Landwirtschaftskommissarin der Europäischen Kommission, Mariann Fischer Boel, auf die Notwendigkeit der Unterstützung der weiter zurückgehenden Bienenhaltung aufmerksam gemacht und begründet:

„Der Honigbiene, dem Schlüssellebewesen für den Erhalt biologischer Vielfalt, wird bisher noch nicht im erforderlichen Umfang Aufmerksamkeit zuteil. Sie geht aus vielfältigen Gründen, wie neue Bienenerkrankungen, Überalterung der Imker u. a., in ihrem Bestand weiter zurück. Diesem Trend entgegenzuwirken ist wichtige Aufgabe europäischer Agrarpolitik. Der ökologische Nutzen der Honigbiene, insbesondere aus der Blütenbestäubung landwirtschaftlicher Kulturen *und* Naturtrachten, auch forstlicher, aber auch als Biomasse für Insekten fressende Lebewesen, der mit jährlich über 2000 Euro pro Bienenvolk anzusetzen ist, wird durch den Rückgang der Bienenvölker weiter geschmälert.

Eine politische Orientierung auf die Anzahl der zu betreuenden Bienenvölker, zum Beispiel auf 4 Völker pro qkm, fehlt bisher ebenso wie eine Vergütung der Imker für die ökologischen Leistungen ihrer Bienen.

Aus diesen Erwägungen heraus wird vorgeschlagen, jedem Imker jährlich etwa 10 % der ökologischen Leistungen seiner Bienen in Höhe von etwa 200,– Euro pro Bienenvolk zu vergüten. An eine derartige Vergütung könnten Bedingungen geknüpft werden, mit denen ein umfassender Aufschwung der Bienenhaltung erreicht werden kann. Weitere positive Effekte, die mit einer derartigen Entscheidung zu verbinden sind, wären die Verbesserung der Einkommenssituation für Bürger im ländlichen Raum, die Notwendigkeit der Produktion von Imkereiausrüstung durch handwerkliche Kleinbetriebe im Umfang von einer Milliarde Euro, die Vermarktung des ökologisch erzeugten Lebensmittels Honig und andere.

Mit der Aufnahme der finanziellen Förderung der Bienenhaltung in die Umweltprogramme würde das Bestreben von Bürgern, Bienen halten zu wollen, deutlich positiver beeinflusst, als dies gegenwärtig der Fall ist. Ausführliche Berechnungen zu den vorgeschlagenen Maßnahmen sind seit mehreren Jahren in meinen Publikationen enthalten."

Diese persönliche aktive Einflussnahme wurde unverzüglich am 23.11.2007 an die Landwirtschaftskommissarin übersandt. Zugleich wurde ein „Waschzettel“ zu meinen Publikationen überreicht, der mit weiterführenden Informationen, im Zusammenhang mit einer Petition, auch an die Fraktionen der politischen Parteien im Deutschen Bundestag versandt wurde.

Das Ziel besteht auch heute noch darin, die Fauna-Flora-Habitat-Richtlinie (FFH-Richtlinie) der Europäischen Union, unter Berücksichtigung der internationalen Konvention über die biologische Vielfalt, zu realisieren. Damit sollen Umweltstandards entwickelt werden, mit denen das Schwinden und Aussterben vieler Tier- und Pflanzenarten verhindert werden kann. Obwohl die Zeit immer mehr drängt, ist die genannte Zielstellung durch politische Entscheidung und das Engagement umweltbewusster Bürger durchaus noch realisierbar. Natürlich gibt es die Möglichkeit, bei der Vergabe von Fördermitteln umgekehrt proportional zu differenzieren. Wenn zum Beispiel der Landesverband Brandenburgischer Imker am 31.12.2006 über 1.588 Imker verfügt (D.I.B. AKTUELL Nr. 4/2007), die insgesamt 15.725 Bienenvölker betreuen, und in Bayern, dem stärksten Landesverband, 22.784 Imker 198.569 Bienenvölker führen, so liegen hier Welten dazwischen. In Brandenburg imkern 1,96 % und in Bayern 28,12 % aller Imker des Deutschen Imkerbundes. Bei den Bienenvölkern sieht es ähnlich aus. In Brandenburg werden 2,19 % und in Bayern 27,65 % aller Bienenvölker Deutschlands bewirtschaftet. Würden also Fördermittel nach den genannten Kriterien vergeben werden, wäre zu erwarten, dass die stärksten Regionen die meisten Mittel erhalten. Wenn aber erreicht werden soll, dass diese Mittel umgekehrt proportional dahin fließen, wo sie am dringendsten benötigt werden, wo eine Steigerung der Anzahl der Imker und der Bienenvölker am nötigsten ist, so ist eine ungleichmäßige Verteilung in jene Regionen angeraten, wo der höchste Effekt erzielt werden kann. Ein derartiges Herangehen erfordert allerdings auch, dass die sicherstellenden Bereiche, Landwirtschaft und Forst, Umwelt- und Naturschutz ebenso integriert werden, wie die Produktionsbetriebe von Imkereiausrüstung. Es würden demnach nicht nur im Rahmen der Imkerei, sondern auch im produzierenden Gewerbe Arbeitsplätze in Größenordnungen entstehen. Ob damit gerechnet werden muss, dass nach einer so orientierten Entscheidung Imker aus Bayern abwandern, um in Brandenburg an die Fördermittel zu gelangen, darf bezweifelt werden. Die Bayern sind und bleiben wohl auch bodenständig, wenn mich meine Erinnerungen an die Zeit Ende der 1940er- und Anfang der 1950er-Jahre nicht täuschen, als ich dort in landwirtschaftlicher Umgebung bei Würzburg lebte.

Neben den vielen in meinen Publikationen dargestellten Bemühungen, eine Aufwertung der Bienenhaltung zu erreichen, gibt es nicht nur Erfolge, an denen man sich aufrichten und andere motivieren kann. Es gibt auch Rückschläge und mangelndes Verständnis bei Verantwortungsträgern. Dies ist umso ärgerlicher, je mehr dadurch wertvolle Zeit verloren geht, die für die Verbesserung der Situation nutzbringender verwendet werden könnte und die durch den plötzlich eintretenden Klimawandel nicht mehr zur Verfügung steht. Es soll deshalb dargestellt werden, wie sich dies in der praktischen Tätigkeit auswirkt. Die Arbeiten an der mir selbst gestellten Aufgabe, ökologisch determinierte Aspekte der Bienenhaltung zu benennen und darüber zu publizieren, ist zeitaufwendig und kostet Geld. Viel Geld. Bis zum gegenwärtigen Zeitpunkt wurden mehr als 38.500 Euro verausgabt. Aus privatem Vermögen. Dies ist der Hauptgrund dafür, beharrlich nach Sponsoren zu suchen, die diese Belastung zu lindern in der Lage sind. Die Bemühungen in dieser Richtung erfolgten vor allem durch Bewerbungen um Umweltpreise, die international, im Bund, im Land und im Landkreis ausgeschrieben worden waren. Leider bisher erfolglos. Neben vielen lobenden Worten, die hier Eingang gefunden haben, gab es auch einen kritischen Punkt, die Bewerbung um den Umweltpreis des Landes Brandenburg 2005, den ich nicht verschweigen möchte.

Obwohl als Referenzpersonen Prof. Dr. Dr. Burkhard Schricker, Freie Universität Berlin, und der Vorsitzende des Landesverbandes Brandenburgischer Imker, Reiner Gabriel, ausschreibungsgemäß benannt sind, wurde das Referat 42 F im Ministerium für Ländliche Entwicklung, Umwelt und Verbraucherschutz des Landes Brandenburg um eine kurze fachliche Stellungnahme gebeten. Mit dieser Stellungnahme konnte der genannte Umweltpreis nicht verliehen werden. War es bei der Bewerbung um diesen Preis im Jahr 2000 doch noch so, dass Minister Wolfgang Birthler vermerkte:

„Mit dem Umweltpreis soll herausragendes ehrenamtliches Engagement gewürdigt werden, das zu einer konkreten und positiven Veränderung für Natur und Umwelt oder zur Stärkung des Umweltbewusstseins im Land Brandenburg beigetragen hat.

Ihr Projekt „Honigbiene“ zählt zu den vielen Einsendungen, die sich um den diesjährigen Umweltpreis bewarben. Ich freue mich sehr über Ihr Engagement und die aufgezeigten Erfolge Ihres Wirkens für Brandenburgs Umwelt. Ich möchte Sie ermutigen, den von Ihnen eingeschlagenen Weg für den Erhalt von Natur und Umwelt kontinuierlich weiter zu gehen. … Sie können sich unserer Anerkennung sicher sein."

Diese Bewertung, die sich auf meine Publikation „Die Honigbiene im Kreislauf des Waldes. Wie die Imkerei zur Gesunderhaltung der Wälder beitragen kann" bezieht, wurde wichtiges Motiv, in den Anstrengungen nicht nachzulassen und auch anderen Empfehlungen zu folgen, das Thema weiter zu bearbeiten. Nunmehr, fünf Jahre nach der ersten Bewerbung und dem Veröffentlichen von weiteren zwei Büchern zu ökologischen Aspekten des Wirkens von Honigbienen, glaubte ich noch besser und wirksamer gehandelt zu haben. Leider wurden nur Aspekte, die sich auf den Wald beziehen, berücksichtigt und meine These vom Schlüssellebewesen Honigbiene für den Erhalt biologischer Vielfalt (nicht nur im Wald) nicht erkannt. Die fachliche Stellungnahme vom Referat 02 belegt diesen Sachverhalt recht deutlich:

„Sehr engagiert beschäftigt sich Wolfgang Voigt mit der Honigbiene und deren Bedeutung für den Wald. Er setzt sich nachdrücklich für die Wiederansiedelung der Honigbienen im Wald ein. Er vertritt die These, dass Honigbienen, neben ihrer Rolle als Honiglieferanten und Blütenbestäuber, zugleich auch die wichtigste Nahrungsquelle für Insekten fressende Lebewesen sind. In dem Fehlen der Honigbienen im Wald sieht er eine Hauptursache für den Artenrückgang in Mitteleuropa an.

Es ist jedoch festzustellen, dass eine ganzheitliche Betrachtung des Ökosystems Wald in seinen beiden Büchern zu kurz kommt. Seine Sichtweise ist sehr eingeschränkt auf die Honigbiene orientiert. Da über 30 Solitärbienenarten und viele Hummelarten im Wald leben, ist seine Behauptung, die er anhand von Literaturbeispielen und eigenen Beobachtungen versucht zu belegen, auch nur sehr schwer nachvollziehbar. Es gelingt ihm nicht, seine These wissenschaftlich fundiert zu werten.

Es ist sicherlich unstrittig, dass Bienen, auch als Nahrungsgrundlage für Ameisen, eine wichtige Rolle im Waldökosystem spielen. Wolfgang Voigt reduziert jedoch seine Betrachtungsweise allein auf diesen Aspekt und suggeriert damit dem Leser, dass durch eine Wiederansiedlung von Honigbienen alle Probleme, die insbesondere Reinbestände in Bezug auf die Anfälligkeit gegenüber Schadinsekten haben, zu lösen wären.

Aus den Bewerbungsunterlagen, die Herr Voigt eingereicht hat, ist nicht erkennbar, dass seine beiden Bücher zu einer konkreten und positiven Veränderung für Natur und Umwelt, wie dies in der Ausschreibung zum Umweltpreis gefordert ist, geführt haben. Darüber hinaus ist nicht davon auszugehen, dass seine Publikationen eine große Breitenwirkung entfalten werden, da sich diese eher an ein verständiges Fachpublikum richten."

Diese Wertung der Bewerbung durch die forstlichen Gutachter hat nicht nur dazu geführt, aus dem Wettbewerb zu fliegen; das ist zu verschmerzen und stellt keine neue Erfahrung dar; sie trägt auch dazu bei, noch vorhandene reale Chancen für den Erhalt biologischer Vielfalt nicht nur nicht zu nutzen, sondern massiv zu behindern, dass jemals wieder Bienen im Wald – wo ihre ursprüngliche Heimat war – leben dürfen. Zugleich ist die Situationsbeschreibung bezüglich Solitärbienenarten und Hummelarten wohl etwas beschönigend dargestellt. Im Übrigen kann wohl sachlich richtig festgestellt werden, dass der Wald in Brandenburg keinesfalls schon so bienenfreundlich ausgestaltet ist wie in Bayern. Es wäre meinem Anliegen jedenfalls dienlich, wenn es auch in Forstbetrieben Bienen geben würde und dies nicht nur den privaten Initiativen weniger Förster überlassen bleibt.

Auch mit den Erfahrungen dieser Bewerbung, die wie andere auch nicht zum erhofften Erfolg führte, bleibt die Honigbiene, wenn die politischen Entscheidungen pro Biene getroffen werden, auch weiterhin jenes Schlüssellebewesen, das den Erhalt biologischer Vielfalt sichert.

Die Mimose (Akazie) Acacia dealbata (nicht zu verwechseln mit der Robinie) ist in unseren Breiten nur selten anzutreffen. Im allgemeinen wird sie, da sie frostempfindlich ist, in Wintergärten und im Sommer im Freien gehalten.

Literatur

Allgemeine Deutsche Imkerzeitung (ADIZ) 2/2004, 6/2004, 4/2006.

Alpenländische Bienenzeitung, „Südtiroler Imkerbote“ Nr. 12/2006, Imkerliteratur – Leserinformation. Eine Naturschutztrilogie, in deren Mittelpunkt der ökologische Nutzen der Honigbiene steht.

D'Adamo, Peter, Greenwich C. T., *„Vier Blutgruppen – vier Strategien für ein gesundes Leben“,* 14. Aufl. 2005.

Dahme-Kurier, Märkische Allgemeine, 28.02.2007, Bienenvölker zu vermieten, Imkerverein Königs Wusterhausen sucht Paten auf Zeit / Es gibt die ganze Honigernte gratis.

Degeller, Lore, Blutgruppenzusammenhänge, in: Der Merkurstab (Dornach) Jg. 53.2000,
H. 3, Signatur der Deutschen Nationalbibliothek in Leipzig: ZA 73629.

Deutsche Forschungsgemeinschaft, persönliches Schreiben vom 21.02.2007.

Deutsches Bienenjournal (dbj) 3/2004, 7/2004, 10/2005, 8/2006, 9/2006, 11/2006, 9/2007.

D.I.B. AKTUELL, 4/2007

Einstein, Albert , „Monthly Review“, 1949 (www.monthlyreview.org/598einst.htm).

Einstein sagt: Zitate, Einfälle, Gedanken (ISBN 3-492-22805-4).

Ernährungsempfehlungen für Diabetiker 2007.

Frank, Renate, Dipl.-Oecotrophologin, Die Bedeutung des Honigs in der heutigen Ernährung.

Ganten, Prof. Dr. Detlev, Charité, Vorstandsvorsitzender, Senatsverwaltung für Bildung, Wissenschaft und Forschung, persönliches Schreiben vom 17.04.2007 über die historische Entstehung von Blutgruppen.

Jugendsender Radio Fritz vom Rundfunk Berlin-Brandenburg (RBB), Vorstellung der Entdeckung mit dem Thema: Die Honigbiene und ihre Bedeutung für Landschaft, Umwelt und Gesellschaft am 23.10.2005.

Kraatz, Dr. med., Katrin, persönliches Schreiben vom 25.01.2007 zur historischen Entwicklung von Diabetes.

Kühling, Klaus, Vergleich verschiedener Waldareale auf die Nutzungsmöglichkeit durch die Honigbiene *(apis mellifera L.),* Diplomarbeit an der Thüringer Fachhochschule für Forstwirtschaft in Schwarzburg vom 01.03.2001.

Landesamt für Verbraucherschutz und Landwirtschaft, Land Brandenburg, Tierzuchtreport 2003, Bienenzucht und -haltung, S. 132–137.

Landtag Brandenburg, 3. Wahlperiode, Ausschuss für Landwirtschaft, Umweltschutz und Raumordnung. Ausschussprotokoll 3/506 vom 30.01.2002, S. 40 bis 42.

Landtag Brandenburg, 3. Wahlperiode, Ausschuss für Landwirtschaft, Umweltschutz und Raumordnung, Anlage zum Protokoll AP 3/506 Nr. 18. Anschreiben an den Ausschussvorsitzenden Herrn Dombrowski, vom 21.01.2002, nebst Anlage: Probleme der Bienenweide im Bundesland Brandenburg (5 Seiten).

Landtag Brandenburg:
– Gesetzentwurf der Landesregierung, Begründung, A: Allgemeine Begründung … III. Situation des Naturschutzes in Brandenburg.
– Vergleich BbgNatSchG geltende Fassung mit BbgNatschG in der Fassung gemäß Artikel 1 des Zweiten Änderungsgesetzes vom 25. Juni 1992.
– Zweites Gesetz zur Änderung des Brandenburgischen Naturschutzgesetzes.

Märkische Allgemeine Zeitung, 04.04.2006: „Ganze Völker verschwunden", Kälte hat Folgen für die Imkerei. Mit Wolfgang Voigt vom Imkerverein Königs Wusterhausen sprach MAZ-Redakteurin Liane Stephan.

Märkische Allgemeine Zeitung, 26.06.2006, 28.06.2006, 27.10.2006.

Neues Deutschland, 29.06.2006, 30.06.2006, 03.07.2006, 26.07.2006, 28./29.10.2006, 11./12.11.2006, 06./07.01.2007, 04.10.2007.

Seidel, Wiebke, Fleisch für die Blutgruppe 0, in: Münchener Medizinische Wochenschrift (München) Jg. 140, 1998, H. 9, Signatur der Deutschen Nationalbibliothek in Leipzig: ZC 473.

Seltsam, Dr. Axel, „The nature of diversity and diversification at the AB0 locus“. 26.06.2003.

Seymour, Robert und Mitarbeiter, „Evolution of the human AB0 polymorphism by two complementary selective pressures“, 15.04.2004.

Süddeutsche Zeitung, 20.04.2004.

Thäter, Dr. Wolfgang, Das Zeidlerwesen, ISBN 3-431-03270-2, 1993, Ehrenwirth.

Voigt, Wolfgang, Bewerbung um die vakante Funktion als Präsident des Deutschen Imkerbundes am 08.05.2005. Die Bewerbung wurde in einem Umfang von 4 Seiten an alle Vorstandsmitglieder des D.I.B. und die potenziellen Teilnehmer der Landesverbände überreicht.

Voigt, Wolfgang, Waldameisen – Blattläuse – Honigbienen. Allianz für biologische Vielfalt. Amtsblatt für die Gemeinde Bestensee, 11. Jahrgang/Nr. 5, vom 28.05.2003.

Voigt, Wolfgang, Die Honigbiene im Kreislauf des Waldes. Wie die Imkerei zur Gesunderhaltung der Wälder beitragen kann. Frieling, 2002, ISBN 3-8280-1739-8.

Voigt, Wolfgang, Die Honigbiene und ihre Bedeutung für Landschaft, Umwelt und Gesellschaft. Vortrag im Rahmen der Woche der Zukunftsfähigkeit 2006, am 18.09.2006 im Seeschlösschen Groß Köris.

Voigt, Wolfgang, Vortrag im Landesverband Berlin-Brandenburg der Buckfastimker am 09.10.2005, in: Deutsches

Haus Glindow, auf Einladung seines Vorsitzenden Martin Singer. Thema: Die Honigbiene und ihre Bedeutung für Landschaft, Umwelt und Gesellschaft.

Voigt, Wolfgang, Rechenschaftsberichte des Obmanns für Bienenweide und Ameisenhege im Landesverband Brandenburgischer Imker am 17.03.2002 Bernau, 30.03.2003 Frankfurt/Oder, 28.03.2004 Nauen, 20.03.2005 Cottbus, 19.03.2006 Rathenow, 25.03.2007 Potsdam, 30.03.2008 Michendorf, beim Autor.

Voigt, Wolfgang, Pollenallergien und der ökologische Nutzen von Honigbienen. Über den Zusammenklang von Natur und Gesellschaft. Frieling, 2005, ISBN 3-8280-2241-3.

Voigt, Wolfgang, Waldameisen – Honigbienen – Blattläuse. Bedeutungsvollste Lebewesen bei der Gesunderhaltung der natürlichen Umwelt. Pressebeitrag für das Umweltjournal von Rheinland-Pfalz „umdenken“ vom 03.03.2003.

Voigt, Wolfgang, Walderkrankung – Artenrückgang – Klimawandel – Bienensterben. Eine ökologisch orientierte Empfehlung zum Handeln. Frieling, 2004, ISBN 3-8280-2036-4.

Voigt, Wolfgang, Vortrag vor Imkern der Vereine Dippoldiswalde und „Oberes Müglitztal“ am 12.03.2006.

Voigt, Wolfgang, Vortrag zum Thüringer Imkertag am 30.03.2008 in Suhl-Albrechts

Zum Ökostandpunkt 2006/2: Ein Leitbild für die Region Berlin-Brandenburg. Beitrag zur Leitbilddiskussion der

Linkspartei.PDS. Wörtlich wurde unter 6. Umwelt- und Naturschutz in Brandenburg berücksichtigt: Der Besatz an Bienenvölkern ist seit der Wende stark zurückgegangen. Das gefährdet nicht nur die Bestäubung der Kulturpflanzen, sondern hat auch Auswirkungen auf die biologische Vielfalt. Windbestäuber nehmen drastisch zu, da Insektenbestäuber sich nicht mehr ausreichend fortpflanzen können. Honigimporte verringern den Bedarf an einheimischem Honig, damit wird die ökologische Funktion heimischer Bestände der Honigbiene untergraben.
Wir fordern also: ... Vergütung der Bestäubung für Imker.

Zum Tag des Ehrenamtes, am 17.12.2005, im Krongut Bornstedt. Der Präsident des Landtages Gunter Fritsch und der Ministerpräsident Matthias Platzeck sagen für engagierte ehrenamtliche Arbeit Danke. An den Ministerpräsidenten wurde die Trilogie überreicht, an Tatjana Jury vom RBB die Dankesworte des Obmanns für Bienenweide und Ameisenhege.

Nachwort

zu dem 4. Band einer Buchreihe von Wolfgang VOIGT;

Die Honigbiene als Schlüssellebewesen zum Erhalt biologischer Vielfalt

In diesem vierten Band wird wiederum eine Leserschaft angesprochen, die sich über ein fachökologisches Interesse hinaus auch mit damit verbundenen gesellschafts- und wirtschaftspolitischen Aspekten auseinandersetzen möchte. Dazu wurden historische wie auch „tagesaktuelle" Persönlichkeiten mit ihren Einstellungen zur Thematik zitiert. Dennoch bleiben stets die Honigbiene und der Naturkreislauf, in dem sie eine zentrale und durch nichts ersetzbare Stellung einnimmt, konsequent im Vordergrund.

- Nachdenklich macht den Leser der zitierte und von Albert Einstein verfasste Artikel mit seinen Bemerkungen zum einsichtigen Handeln des Menschen und dem Vergleich des Verhaltens sozialer Insektenstaaten.

- Die Beiträge zur Gentechnologie mit Folgen, zu Pollenallergien und Blutgruppen machen das Buch zu einem Puzzle, aber ohne Lücken.

- Der Autor stellt aus tiefer persönlicher Einsicht und praktischer Fachkompetenz bisweilen durchaus unbequeme und zum Nachdenken zwingende Fragen, und er erwähnt ebenso ehrlich die ihm daraus entstandenen Beschwernisse. Seine Lösungsvorschläge zur Thematik und Problematik sind durchweg wohl fundiert und belegterweise nachvollziehbar und machbar.

– Ich bin sehr angetan und ebenso beeindruckt von diesem vierten Band innerhalb einer Quadrologie, die erneut die Honigbiene als ein im Naturkreislauf unverzichtbar eingebundenes Mitglied sowie als dementsprechender „Wirtschaftsfaktor hervorhebt und hoffentlich und endlich zu einem einsichtigen Handeln aller führt.

Burkhard Schricker

Bildnachweis

- Brandenburgs Ministerpräsident Matthias Platzeck erhält die Naturschutztrilogie aus den Händen des Autors. Foto: Pressestelle des Landtages.

- Frau Dagmar Ziegler, Ministerin für Arbeit, Soziales, Gesundheit und Frauen des Landes Brandenburg, überreicht die Urkunde für die 100. Rotkreuz-Blutspende. Foto: Pressestelle des Landtages.

- Prof. Dr. Dr. Burkhard Schricker, Wolfgang Voigt, Dr. Benedikt Polaczek am Bienenstand der Freien Universität Berlin. Foto: Autor.

- Mimose (Akazie) Keimschutz-Packung der Firma SPERLI.

- Alle weiteren Fotos vom Autor.